10일에 완성하는 영역별 연산 총정리

징검다리 교육연구소, 최순미 지음

바쁜 3·4학년을 위한 빠른 나눗셈

한 번에 잡자!

- 나눗셈의 기초
- 두 자리 수의 나눗셈
- 세 자리 수의 나눗셈

이지스에듀

지은이 징검다리 교육연구소, 최순미

징검다리 교육연구소는 바쁜 친구들을 위한 빠른 학습법을 연구하는 이지스에듀의 공부 연구소입니다. 아이들이 기계적으로 공부하지 않도록, 두뇌가 활성화되는 과학적 학습 설계가 적용된 책을 만듭니다.

최순미 선생님은 영역별 연산 훈련 교재로, 연산 시장에 새바람을 일으킨 ≪바쁜 5·6학년을 위한 빠른 연산법≫, ≪바쁜 3·4학년을 위한 빠른 연산법≫, ≪바쁜 1·2학년을 위한 빠른 연산법≫시리즈와 요즘 학교 시험 서술형을 누구나 쉽게 익힐 수 있는 ≪나 혼자 푼다! 수학 문장제≫ 시리즈를 집필한 저자입니다. 또한, 20년이 넘는 기간 동안 EBS, 디딤돌 등과 함께 100여 종이 넘는 교재 개발에 참여해 온, 초등 수학 전문 개발자입니다.

바쁜 친구들이 즐거워지는 빠른 학습법 – 바빠 연산법 시리즈(개정판)

바쁜 3, 4학년을 위한 빠른 나눗셈

초판 발행 2021년 9월 15일
(2014년 7월에 출간된 책을 새 교육과정에 맞춰 개정했습니다.)
초판 9쇄 2025년 3월 15일
지은이 징검다리 교육연구소, 최순미
발행인 이지연
펴낸곳 이지스퍼블리싱(주)
출판사 등록번호 제313-2010-123호
주소 서울시 마포구 잔다리로 109 이지스 빌딩 5층(우편번호 04003)
대표전화 02-325-1722 팩스 02-326-1723
이지스퍼블리싱 홈페이지 www.easyspub.com 이지스에듀 카페 www.easysedu.co.kr
바빠 아지트 블로그 blog.naver.com/easyspub 인스타그램 @easys_edu
페이스북 www.facebook.com/easyspub2014 이메일 service@easyspub.co.kr

본부장 조은미 기획 및 책임 편집 박지연 | 김현주, 정지희, 정지연, 이지혜 교정 교열 박현진
표지 및 내지 디자인 정우영 그림 김학수 전산편집 이츠북스 인쇄 보광문화사
영업 및 문의 이주동, 김요한(support@easyspub.co.kr)
마케팅 라혜주 독자 지원 박애림, 김수경

ISBN 979-11-6303-286-1 64410
ISBN 979-11-6303-253-3(세트)
가격 9,800원

"펑펑 쏟아져야 눈이 쌓이듯, 공부도 집중해야 실력이 쌓인다."

교과서 집필 교수, 영재교육 연구소, 수학 전문학원, 명강사들이 적극 추천하는 '바빠 연산법'

같은 영역끼리 모아서 집중적으로 연습하면 개념을 스스로 이해하고 정리할 수 있습니다. 이 책으로 공부하는 아이들이라면 수학을 즐겁게 공부하는 모습을 볼 수 있을 것입니다.

김진호 교수(초등 수학 교과서 집필진)

'바빠 연산법' 시리즈는 수학적 사고 과정을 온전하게 통과하도록 친절하게 안내하는 길잡이입니다. 이 책을 끝낸 학생의 연필 끝에는 연산의 정확성과 속도가 장착되어 있을 거예요!

호사라 박사(분당 영재사랑 교육연구소)

단순 반복 계산이 아닌 이해를 바탕으로 스스로 생각하는 힘을 길러 주는 연산 책입니다. 수학의 자신감을 키워 줄 뿐 아니라 심화·사고력 학습에도 도움을 줄 것입니다.

박지현 원장(대치동 현수학학원)

고학년의 연산은 기초 연산 능력에 비례합니다. 기초 연산을 총정리하면서 빈틈을 찾아서 메꾸는 3·4학년용 교재를 기다려왔습니다. '바빠 연산법'이 짧은 시간 안에 연산 실력을 완성하는 데 도움이 될 것입니다.

김종명 원장(분당 GTG수학 본원)

단계별 연산 책은 많은데, 한 가지 연산만 집중하여 연습할 수 있는 책은 없어서 아쉬웠어요. 고학년이 되기 전에 사칙연산에 대한 총정리가 필요했는데 이 책이 안성맞춤이네요.

정경이 원장(하늘교육 문래학원)

아이들을 공부 기계로 보지 않는 책, 그래서 단순 반복은 없지요. 쉬운 내용은 압축, 어려운 내용은 충분히 연습하도록 구성해 학습 효율을 높인 '바빠 연산법'을 적극 추천합니다.

한정우 원장(일산 잇츠수학)

수학 공부라는 산을 정상까지 오른다는 점은 같지만, 어떻게 오르느냐에 따라 걸리는 노력과 시간에도 큰 차이가 있죠. 수학이라는 산에 가장 빠르고 쉽게 오르도록 도와줄 책입니다.

김민경 원장(더원수학)

빠르게, 하지만 충실하게 연산의 이해와 연습이 가능한 교재입니다. 수학이 어렵다고 느끼지만 어디부터 시작해야 할지 모르는 학생들에게 '바빠 연산법'을 추천합니다.

남신혜 선생(서울 아카데미)

취약한 연산만 빠르게 보강하세요!

곱셈과 나눗셈을 잘해야 분수와 소수도 잘할 수 있어요.

수학 실력을 좌우하는 첫걸음, 사칙연산

초등 수학의 80%는 연산으로 그 비중이 매우 높습니다. 그런데 수학 문제를 풀 때 기초 계산이 느리면 문제를 풀 때마다 두뇌는 쉽게 피로를 느끼게 됩니다. 그래서 수학은 사칙연산부터 완벽하게 끝내야 합니다. 연산이 능숙하지 않은데 진도만 나가는 것은 모래 위에 성을 쌓는 것과 같습니다. 3·4학년이라면 덧셈과 뺄셈뿐 아니라 곱셈과 나눗셈까지도 그냥 할 줄 아는 정도가 아니라 아주 숙달되어야 합니다. 사칙연산이 앞으로의 수학 실력을 좌우하기 때문입니다.

"사고력을 키운다고 해서 연산 능력이 저절로 키워지지는 않는다!"

학원에 다니는 상위 1% 학생도 계산력이 부족하면 진도와는 별도로 연산이 완벽해지도록 훈련을 시킵니다.

수학 경시대회 1등 한 학생을 지도한 원장님조차도 "연산 능력은 수학 진도를 선행한다거나, 사고력을 키운다고 해서 저절로 해결되지 않습니다. 계산 능력에 관한 한, 무조건 훈련 또 훈련을 반복해서 숙달되어야 합니다. 연산이 먼저 해결되어야 문제 해결력을 높일 수 있거든요."(성균관대 수학경시 대상 수상 학생을 지도한 최정규 원장)라고 말합니다.

곱셈과 나눗셈이 흔들리면 분수와 소수 계산도 무너집니다. 안 되는 연산에 집중해서 시간을 투자해 보세요.

구슬을 꿰어 목걸이를 만들 듯, 여러 학년에서 흩어져서 배운 연산 총정리!

또한, 한 연산 안에서 체계적인 학습이 진행되어야 합니다. 예를 들어 곱셈을 할 때 올림이 없는 곱셈도 능숙하지 않은데, 올림이 있는 곱셈을 연습하면 연산이 아주 힘들게 느껴질 수밖에 없습니다.
초등 교과서는 '수와 연산', '도형', '측정', '확률과 통계', '규칙성'의 5가지 영역을 배웁니다. 자기 학년의 수학 과정을 공부하는 것도 중요하지만, 연산을 먼저 챙기는 것이 가장 중요합니다. 연산은 나머지 수학 분야에 영향을 미치니까요.

4학년 수학을 못한다고 1학년부터 3학년 수학 교과서를 모두 다시 봐야 할까요? 무작정 수학 전체를 복습하는 것은 비효율적입니다. 취약한 연산부터 집중하여 해결하는 게 필요합니다. 띄엄띄엄 배워 잊어먹었던 지식이 구슬이 꿰어지듯, 하나로 엮이면서 사고력도 강화되고, 배운 연산을 기초로 다음 연산으로 이어지니 막힘없이 수학을 풀어나갈 수 있습니다.

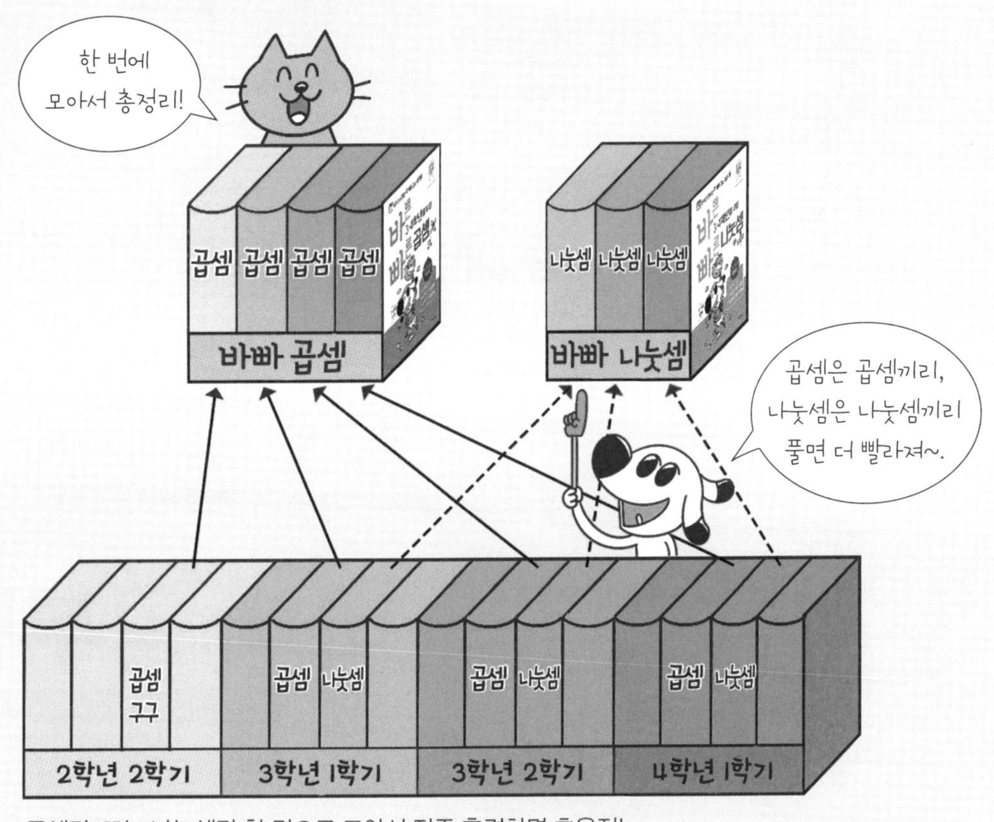

곱셈만, 또는 나눗셈만 한 권으로 모아서 집중 훈련하면 효율적!

평평 쏟아져야 눈이 쌓이듯, 공부도 집중해야 실력이 쌓인다!

눈이 쌓이는 걸 본 적이 있나요? 눈이 오다 말면 모두 녹아 버리지만, 펑펑 쏟아지면 차곡차곡 바닥에 쌓입니다. 공부도 마찬가지입니다. 며칠에 한 단계씩, 찔끔찔끔 공부하면 배운 게 쌓이지 않고 눈처럼 녹아 버립니다. 집중해서 평평 공부해야 실력이 차곡차곡 쌓입니다.

'바빠 연산법' 시리즈는 한 권에 24단계씩 모두 4권으로 구성되어 있습니다. 몇 달에 걸쳐 푸는 것보다 하루에 1~2단계씩 10~20일 안에 푸는 것이 효율적입니다. 집중해서 공부하면 전체 맥락을 쉽게 이해할 수 있어서 한 권을 모두 푸는 데 드는 시간도 줄어들 것입니다. 어느 '하나'에 단기간 몰입하여 익히면 그것에 통달하게 되거든요.

10~20일 안에 풀면 한 권을 푸는 데 드는 시간도 줄어듭니다.

바빠 공부단 카페에서 함께 공부하면 재미있어요!

'바빠 공부단'(cafe.naver.com/easyispub) 카페에서 함께 공부하세요~. 바빠 친구들의 공부를 도와주는 '바빠쌤'의 조언을 들을 수 있어요. 책 한 권을 다 풀면 다른 책 1권을 선물로 드리는 '바빠 공부단' 제도도 있답니다. 함께 공부하면 혼자 할 때보다 더 꾸준히 효율적으로 공부할 수 있어요!

학원 선생님과 독자의 의견 덕분에 더 좋아졌어요!

'바빠 연산법'이 개정 교육과정을 반영해 새롭게 나왔습니다. 이번 판에서는 '바빠 연산법'을 이미 풀어 본 학생, 학부모, 학원 선생님들의 의견을 받아 학습 효과를 더욱 높였습니다. 이를 위해 학생이 직접 푼 교재 30여 권을 다시 수거해 아이들이 어떻게 풀었는지, 어느 부분에서 자주 틀렸는지 등의 실제 학습 패턴을 파악했습니다. 또한 아이의 학습을 어떻게 진행했는지 학부모, 학원 선생님들과 소통했습니다. 이렇게 독자 여러분의 생생한 의견을 종합해 '진짜 효과적인 방법', '직접 도움을 주는 방향'으로 구성했습니다.

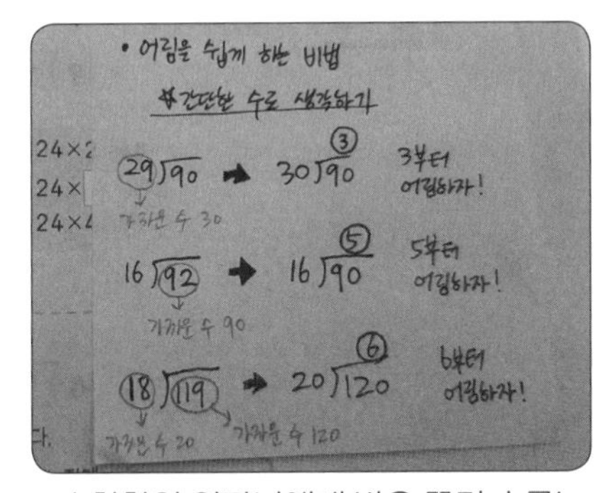

수학학원 원장님에게 받은 꿀팁 수록!

실제 독자가 푼 '바빠 연산법' 책을 통해 학습 패턴 파악!

✪ 우리 집에서도 진단 평가 후 맞춤 학습 가능!

집에서도 현재 아이의 학습 상태를 정확하게 진단하고, 맞춤형 학습 계획을 세우고 싶다는 학부모님의 의견을 반영하여, 수학 학원 원장님들이 자주 쓰는 진단 평가 방식을 적용했습니다.

▸▸▸ 13쪽

✪ 쉬운 부분은 빠르게 훑고, 어려운 내용은 더 많이 연습하는 탄력적 배치!

기계적으로 반복하는 연산 문제는 풀기 싫어한다는 의견을 적극 반영하여, 간단한 연습만으로도 충분한 단계는 3쪽으로, 더 많은 연습이 필요한 단계는 4쪽, 5쪽으로 확대하여 더욱 탄력적으로 구성했습니다. 기계적인 반복 훈련을 배제하여 같은 시간을 들여도 더 효율적으로 공부할 수 있습니다.

선생님이 바로 옆에 계신 듯한 설명

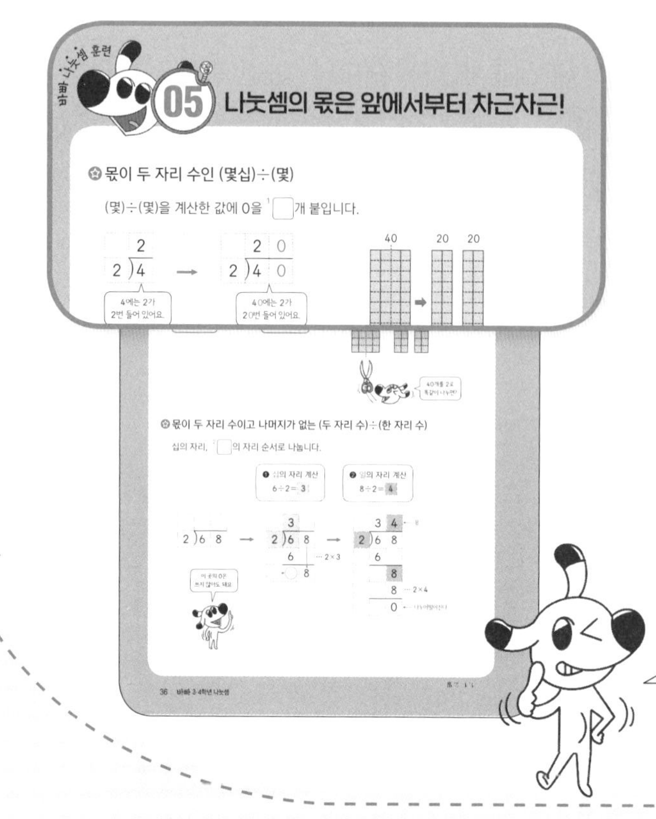

무조건 풀지 않는다!
개념을 보고 '느낌 알면서~.'

개념을 바르게 이해하지 못한 채 생각 없이 문제만 풀다 보면 어느 순간 벽에 부딪힐 수 있어요. 기초 체력을 키우려면 영양소를 골고루 섭취해야 하듯, 연산도 훈련 과정에서 개념과 원리를 함께 접해야 기초를 건강하게 다질 수 있답니다.

오호! 제목만 읽어도
개념이 쏙쏙~.

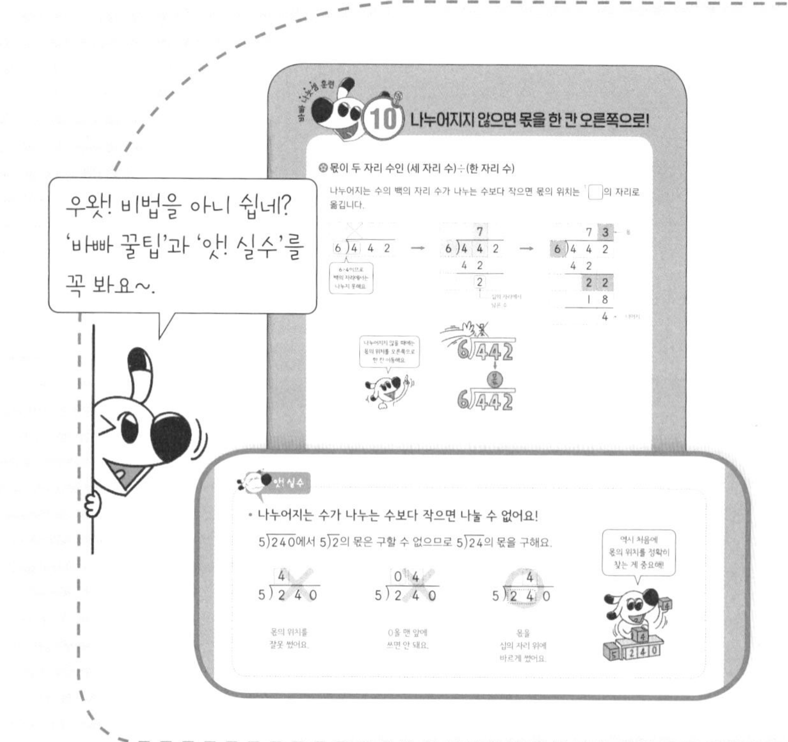

책 속의 선생님!
'바빠 꿀팁'과 '앗! 실수'로
선생님과 함께 푼다!

수학 전문학원 원장님들의 의견을 받아 책 곳곳에 친절한 도움말을 담았어요. 문제를 풀 때 알아두면 좋은 '바빠 꿀팁'부터 실수를 줄여 주는 '앗! 실수'까지! 혼자 푸는데도 선생님이 옆에 있는 것 같아요!

종합 선물 같은 훈련 문제

실력을 쌓아 주는 바빠의 '작은 발걸음' 방식!

쉬운 내용은 빠르게 학습하고, 어려운 부분은 더 많이 훈련하도록 구성해 학습 효율을 높였어요. 또한 조금씩 수준을 높여 도전하는 바빠의 '작은 발걸음 방식(small step)'으로 몰입도를 높였어요.

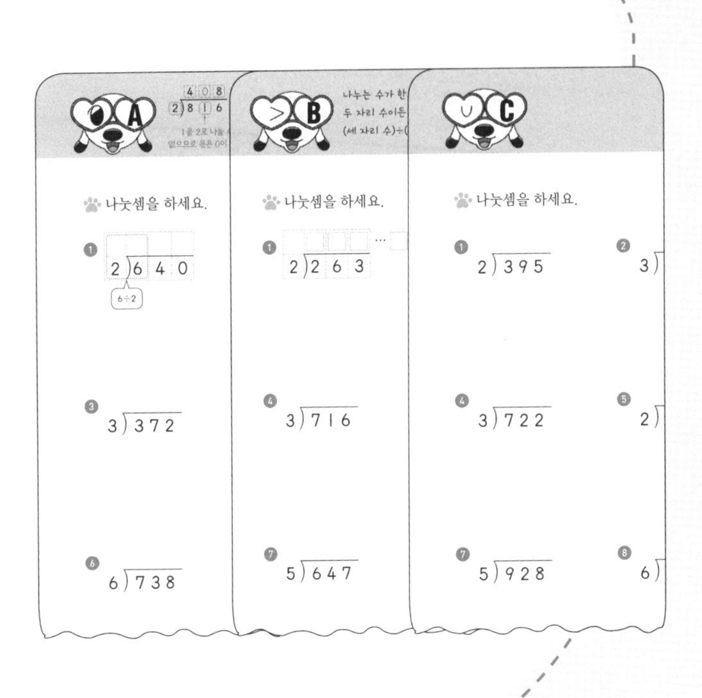

느닷없이 어려워지지 않으니 끝까지 풀 수 있어요~.

다양한 문제로 이해하고, 내 것으로 만드니 자신감이 저절로!

단순 계산력 문제만 연습하고 끝나지 않아요. 쉬운 생활 속 문장제와 사고력 문제를 완성하며 개념을 정리하고, 한 마당이 끝날 때마다 섞어서 연습하고, 게임처럼 즐겁게 마무리하는 종합 문제까지!

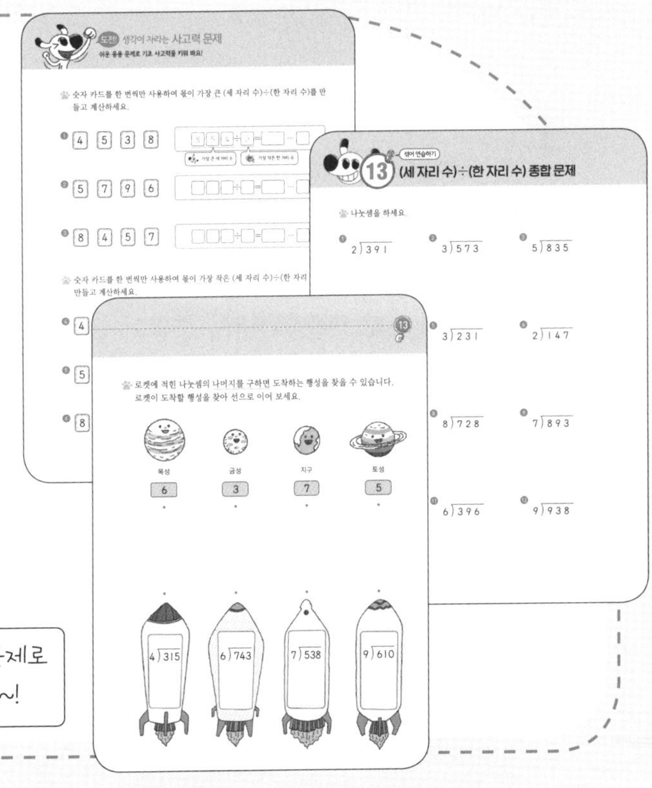

다양한 유형의 문제로 즐겁게 학습해요~!

3·4학년 바빠 연산법, 집에서 이렇게 활용하세요!

'바빠 연산법 3·4학년' 시리즈는 고학년이 되기 전, 기본적으로 완성해야 하는 자연수의 사칙연산을 영역별로 한 권씩 정리할 수 있는 영역별 연산 시리즈입니다. 각 책은 총 24단계, 각 단계마다 20분 내외로 풀도록 구성되어 있습니다.

전반적으로 수학이 어려운 학생이라면?

'바빠 연산법'의 '덧셈 → 뺄셈 → 곱셈 → 나눗셈' 순서로 개념부터 공부하기를 권합니다. 개념을 먼저 이해한 다음 문제를 풀면 연산의 재미와 성취감을 느끼게 될 거예요. 그런 다음, 내가 틀린 문제는 연습장에 따로 적어 한 번 더 반복해서 풀어 보세요. 수학에 자신감이 생길 거예요.

'뺄셈이 어려워', '나눗셈이 약해' 특정 영역이 자신 없다면?

뺄셈을 못한다면 '뺄셈'부터, 곱셈이 불안하다면 '곱셈'부터 시작하세요. 단, 나눗셈이 약한 친구들은 다시 생각해 보세요. 나눗셈이 서툴다면 곱셈이 약해서 나눗셈까지 흔들렸을지도 몰라요. 먼저 '곱셈'으로 곱셈의 속도와 정확도를 높인 후 '나눗셈'으로 총정리를 하세요.

▶ '분수'가 어렵다면? 분수의 기초를 다질 수 있는 '바쁜 3·4학년을 위한 빠른 분수'도 있습니다.

바빠 수학, 학원에서는 이렇게 활용해요!

도움말: 더원수학 김민경 원장(네이버 '바빠 공부단 카페' 바빠쌤)

✪ 학습 결손 해결, 1:1 맞춤 보충 교재는? **'바빠 연산법'**

'바빠 연산법은' 영역별로 집중 훈련하도록 구성되어, 학생별 1:1 맞춤 수업 교재로 사용합니다. 분수가 부족한 학생은 분수로 빠르게 결손을 보강하고, 기초 연산 실력이 부족한 친구들은 덧셈, 뺄셈, 곱셈, 나눗셈 등 기본 연산부터 훈련합니다. 부족한 부분만 핀셋으로 콕! 집듯이 공부할 수 있어 좋아요! 숙제나 보충 교재로 활용한다면 기존 수업 방식에 큰 변화 없이도 부족한 연산 결손을 보강할 수 있어 활용도가 높습니다.

✪ 다음 학기 선행은? **'바빠 교과서 연산'**

'바빠 교과서 연산'은 학기 중 진도 따라 풀어도 좋은 책입니다. 그리고 방학 동안 다음 학기 선행을 준비할 때도 큰 도움이 됩니다. 일단 쉽기 때문입니다. 교과서 순서대로 빠르게 공부할 수 있어 짧은 방학 동안 부담 없이 학습할 수 있습니다. 첫 번째 교과 수학 선행 책으로 추천합니다.

✪ 서술형 대비는? **'나 혼자 푼다! 수학 문장제'**

연산 영역을 보강한 학생 중 서술형을 어려워하는 학생은 마지막에 꼭 '나 혼자 푼다! 수학 문장제'를 추가로 수업합니다. 학교 교과 수준의 어렵지도 쉽지도 않은 딱 적당한 난이도라, 공부하기 좋아요. 다양한 꿀팁과 친절한 설명이 담겨 있는 시리즈로, 학생 혼자서도 충분히 풀 수 있어 숙제로 내주기도 합니다.

바쁜 3·4학년을 위한 빠른 나눗셈

진단 평가

'차근차근 문제를 풀어 더 정확하게 확인하겠다!' 면 20문항을 모두 풀고,
'빠르게 확인하고 계획을 세울 자신이 있다!' 면 짝수 문항만 풀어 보세요.

시계가 준비 됐나요?
자! 이제, 제시된 시간 안에 진단 평가를 풀어 본 후
16쪽의 '권장 진도표'를 참고하여 공부 계획을 세워 보세요.

나눗셈 진단 평가 3학년~4학년 과정

나눗셈을 하세요.

① $42 \div 7 =$

② $63 \div 9 =$

□ 안에 알맞은 수를 써넣으세요.

③ $\square \div 6 = 9$

④ $56 \div \square = 8$

나눗셈을 하세요.

⑤ $2 \overline{)84}$

⑥ $8 \overline{)52}$

⑦ $6 \overline{)96}$

⑧ $4 \overline{)71}$

⑨ $5 \overline{)645}$

⑩ $3 \overline{)857}$

약점을 찾은 후
공부 계획을 세우는 거야~.

바빠

나눗셈을 하세요.

⑪ $7\overline{)469}$

⑫ $9\overline{)383}$

⑬ $30\overline{)83}$

⑭ $19\overline{)76}$

⑮ $28\overline{)84}$

⑯ $12\overline{)80}$

⑰ $36\overline{)504}$

⑱ $29\overline{)745}$

⑲ $58\overline{)348}$

⑳ $83\overline{)622}$

나만의 공부 계획을 세워 보자

질문	예
다 맞았어요!	10일 진도표로 공부하면서 푸는 속도를 높여 보자!
아니요 ↓ 1~4번을 못 풀었어요.	'바쁜 3학년을 위한 빠른 교과서 연산'을 먼저 풀고 다시 도전!
아니요 ↓ 5~16번에 틀린 문제가 있어요.	첫째 마당부터 차근차근 풀어 보자! **20일 진도표**로 공부 계획을 세워 보자!
아니요 ↓ 17~20번에 틀린 문제가 있어요.	단기간에 끝내는 **10일 진도표**로 공부 계획을 세워 보자!

권장 진도표

★	20일 진도	10일 진도
1일	01 ~ 02	01 ~ 04
2일	03 ~ 04	05 ~ 08
3일	05 ~ 06	09 ~ 10
4일	07 ~ 08	11 ~ 12
5일	09	13
6일	10	14 ~ 16
7일	11	17 ~ 18
8일	12	19 ~ 21
9일	13	22 ~ 23
10일	14	24
11일	15	
12일	16	
13일	17	
14일	18	
15일	19	
16일	20	
17일	21	
18일	22	
19일	23	
20일	24	

야호! 총정리 끝!

진단 평가 정답

❶ 6 ② 7 ❸ 54 ④ 7 ❺ 42 ⑥ 6 … 4
❼ 16 ⑧ 17 … 3 ❾ 129 ⑩ 285 … 2 ⓫ 67 ⑫ 42 … 5
⓭ 2 … 23 ⑭ 4 ⓯ 3 ⑯ 6 … 8 ⓱ 14 ⑱ 25 … 20
⓳ 6 ⑳ 7 … 41

첫째 마당

나눗셈구구를 완벽하게

나눗셈구구의 몫은 곱셈구구를 이용해서 구할 수 있어요. 곱셈구구를 거꾸로 한 계산이 바로 나눗셈구구랍니다. 곱셈구구를 입으로 달달 외울 정도가 되어야 나눗셈구구도 쉽게 풀 수 있어요. 이번 마당을 완벽하게 풀 수 있어야 나눗셈 준비 운동이 끝난 거예요!

공부할 내용!	완료	10일 진도	20일 진도
01 나눗셈을 위한 준비운동 시작~	☑	1일차	1일차
02 나눗셈구구를 빠르고 정확하게~	☐		
03 나눗셈구구 실력을 한 단계 껑충!	☐		2일차
04 나눗셈구구를 완벽하게 종합 문제	☐		

01 나눗셈을 위한 준비운동 시작~

✪ 나눗셈

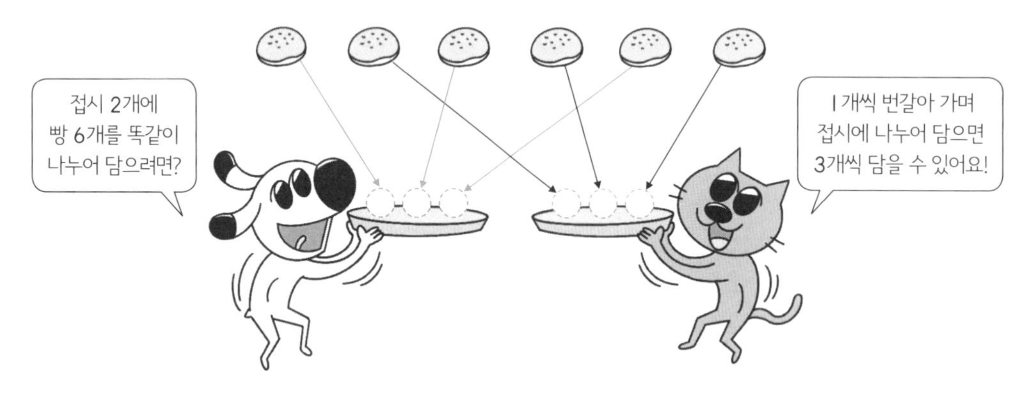

쓰기 $6 \div 2 = 3$ (↑ 몫)

읽기 6 나누기 2는 3과 같습니다.

✪ 곱셈식을 나눗셈식 2개로 나타내기

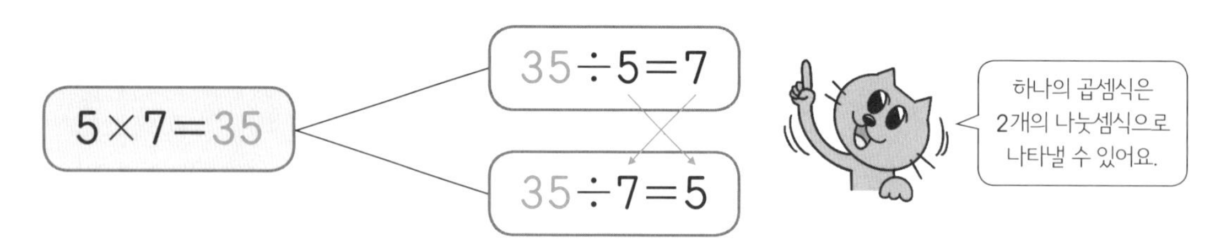

- 나눗셈의 몫은 2가지를 나타내요.

6개를 3개씩 2번 덜어 낼 수 있어요.
$6-3-3=0$ ➡ $6 \div 3 = 2$

6개를 3개씩 묶으면 2묶음이에요.
➡ $6 \div 3 = 2$

$2 \times \boxed{4} = 8$
$8 \div 2 = \boxed{4}$

나눗셈의 몫은 곱셈으로 구할 수 있어요.
곱셈식에서 곱하는 수가 나눗셈의 몫과 같아요.

□ 안에 알맞은 수를 써넣으세요.

❶ $3 \times \square = 12$ ➡ $12 \div 3 = \square$

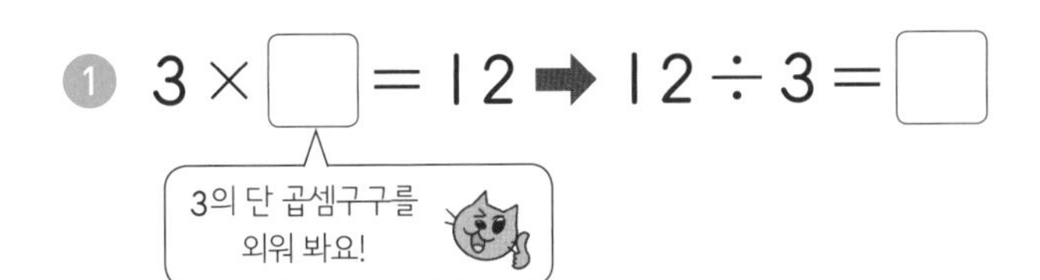

❷ $8 \times \square = 24$ ➡ $24 \div 8 = \square$

❸ $\square \times 2 = 12$ ➡ $12 \div 2 = \square$

❹ $4 \times \square = 20$ ➡ $20 \div 4 = \square$

❺ $\square \times 4 = 32$ ➡ $32 \div 4 = \square$

❻ $5 \times \square = 35$ ➡ $35 \div 5 = \square$

❼ $\square \times 7 = 21$ ➡ $21 \div 7 = \square$

❽ $6 \times \square = 48$ ➡ $48 \div 6 = \square$

❾ $\square \times 3 = 15$ ➡ $15 \div 3 = \square$

❿ $2 \times \square = 18$ ➡ $18 \div 2 = \square$

⓫ $\square \times 6 = 24$ ➡ $24 \div 6 = \square$

⓬ $9 \times \square = 63$ ➡ $63 \div 9 = \square$

⓭ $\square \times 7 = 56$ ➡ $56 \div 7 = \square$

쉬운 문제라 대부분 정답을 맞혔을 거예요.
앞으로 나눗셈을 아주 빠르게 풀기 위한 훈련이니까 쉬워도 꼭 풀어 봐요!

□ 안에 알맞은 수를 써넣으세요.

❶ $\boxed{3} \times 6 = 18$ ➡ $18 \div 6 = \boxed{3}$

❷ $7 \times \square = 63$ ➡ $63 \div 7 = \square$

❸ $\square \times 2 = 10$ ➡ $10 \div 2 = \square$

❹ $5 \times \square = 30$ ➡ $30 \div 5 = \square$

❺ $9 \times \square = 27$ ➡ $27 \div 9 = \square$

❻ $\square \times 9 = 45$ ➡ $45 \div 9 = \square$

❼ $8 \times \square = 48$ ➡ $48 \div 8 = \square$

❽ $\square \times 3 = 21$ ➡ $21 \div 3 = \square$

❾ $\square \times 6 = 54$ ➡ $54 \div 6 = \square$

❿ $4 \times \square = 16$ ➡ $16 \div 4 = \square$

⓫ $\square \times 7 = 28$ ➡ $28 \div 7 = \square$

⓬ $8 \times \square = 64$ ➡ $64 \div 8 = \square$

⓭ $9 \times \square = 72$ ➡ $72 \div 9 = \square$

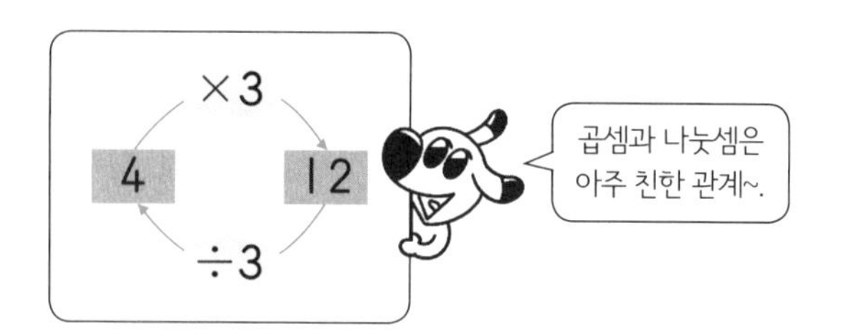

도전! 생각이 자라는 사고력 문제

쉬운 응용 문제로 기초 사고력을 키워 봐요!

△ 안의 수와 기호를 이용하여 곱셈식과 나눗셈식을 각각 2개씩 만드세요.

①

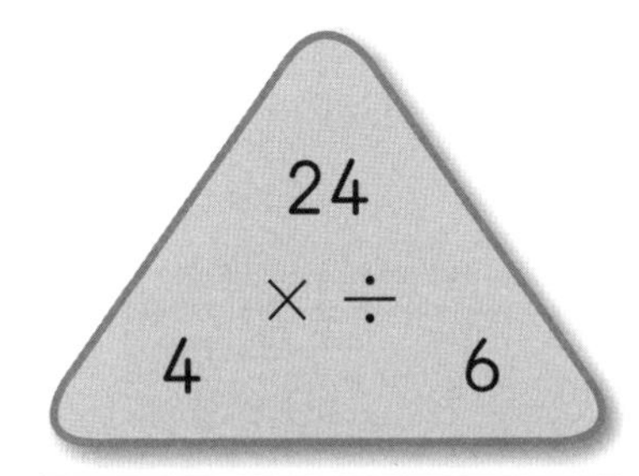

$4 \times 6 = 24$

$\square \times \square = \square$

$24 \div 4 = 6$

$\square \div \square = \square$

②

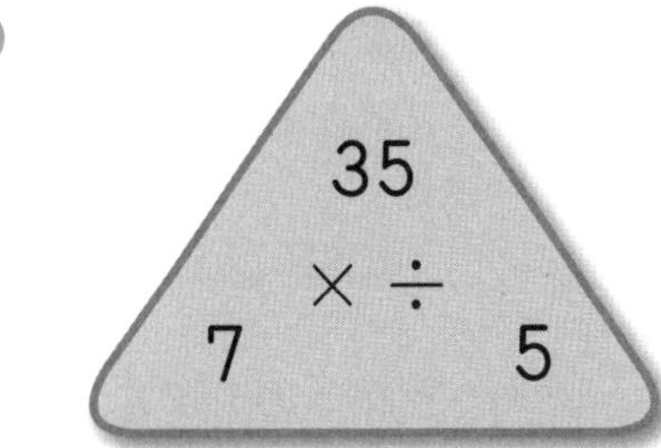

$7 \times 5 = 35$

$\square \times \square = \square$

$\square \div 7 = 5$

$\square \div \square = \square$

③

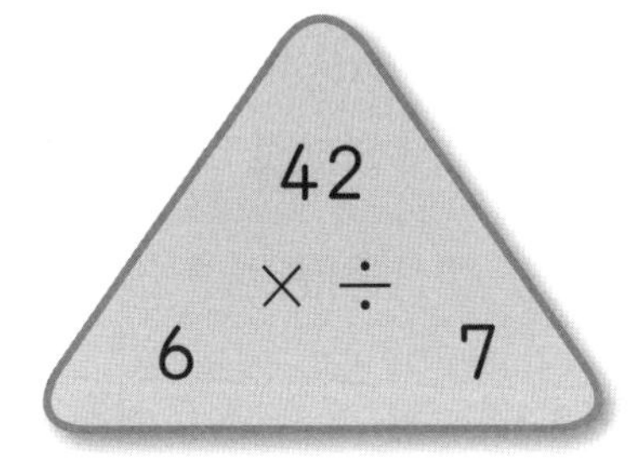

$\square \times 6 = 42$

$\square \times \square = \square$

$\square \div \square = \square$

$\square \div 7 = \square$

④

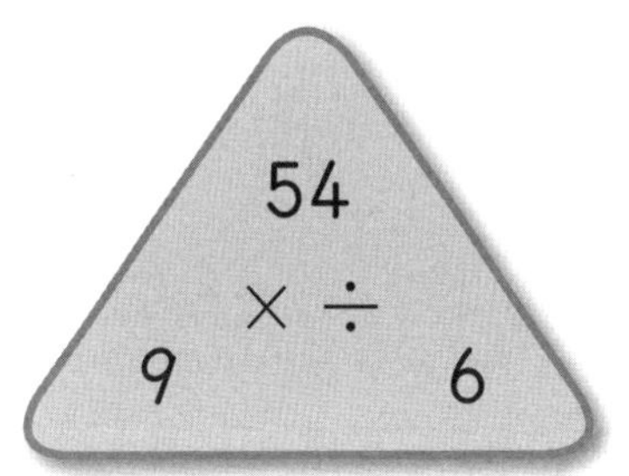

$9 \times \square = 54$

$\square \times \square = \square$

$\square \div 9 = \square$

$\square \div \square = \square$

02 나눗셈구구를 빠르고 정확하게~

묶이 같은 나눗셈구구

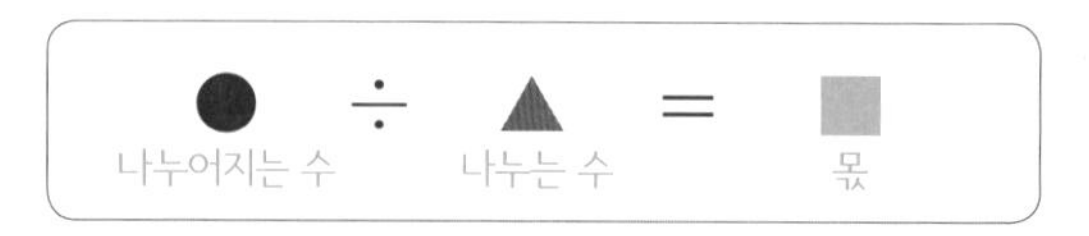

몫이 2인 나눗셈	몫이 3인 나눗셈	몫이 4인 나눗셈	몫이 5인 나눗셈
4÷2	6÷2	8÷2	10÷2
6÷3	9÷3	12÷3	15÷3
8÷4	12÷4	16÷4	20÷4
10÷5	15÷5	20÷5	25÷5
12÷6	18÷6	24÷6	30÷6
14÷7	21÷7	28÷7	35÷7
16÷8	24÷8	32÷8	40÷8
18÷9	27÷9	36÷9	45÷9
=2	=3	=4	=5

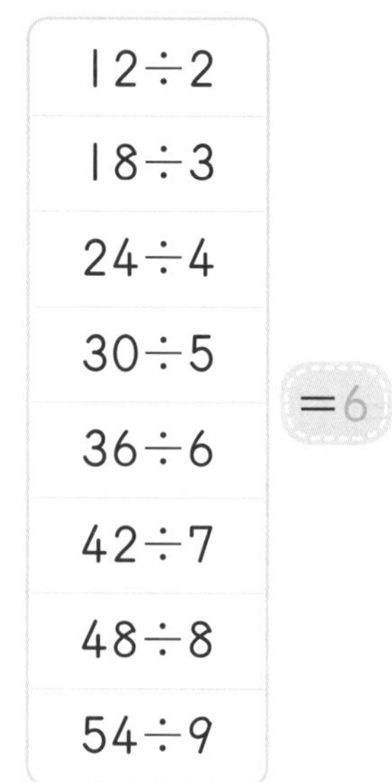
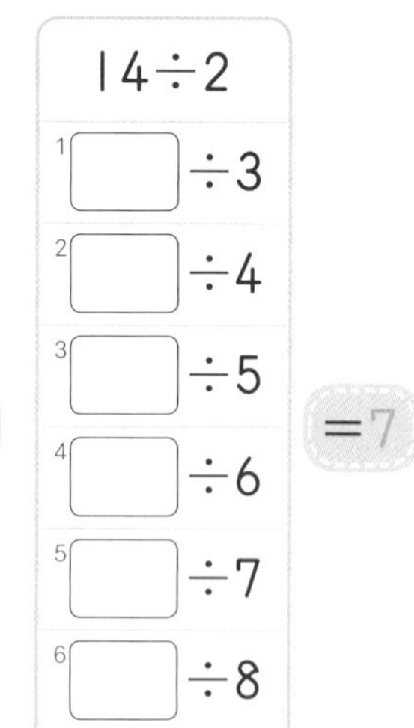
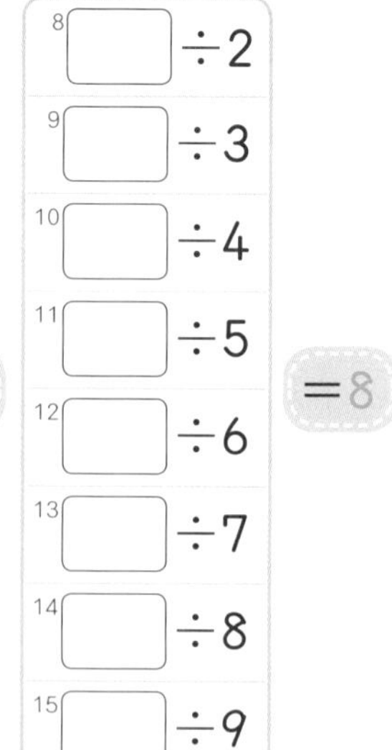

몫이 6인 나눗셈	몫이 7인 나눗셈	몫이 8인 나눗셈	몫이 9인 나눗셈
12÷2	14÷2	(8) □÷2	18÷2
18÷3	(1) □÷3	(9) □÷3	27÷3
24÷4	(2) □÷4	(10) □÷4	36÷4
30÷5	(3) □÷5	(11) □÷5	45÷5
36÷6	(4) □÷6	(12) □÷6	54÷6
42÷7	(5) □÷7	(13) □÷7	63÷7
48÷8	(6) □÷8	(14) □÷8	72÷8
54÷9	(7) □÷9	(15) □÷9	81÷9
=6	=7	=8	=9

1. 21 2. 28 3. 35 4. 42 5. 49 6. 56 7. 63
8. 16 9. 24 10. 32 11. 40 12. 48 13. 56 14. 64 15. 72

나눗셈을 잘하려면 이런 문제는 편안하게 느껴질 정도로 쉽게 풀어야 해요.
바로바로 답이 나오지 않는 문제는 표시해 놓고 여러 번 큰 소리로 읽으면서
완벽하게 익혀요!

나눗셈을 하세요.

❶ $12 \div 6 =$

곱셈구구를 외우자!
6의 단 곱셈구구를 외우자!

❷ $18 \div 3 =$

❸ $28 \div 7 =$

❹ $15 \div 5 =$

❺ $36 \div 9 =$

❻ $28 \div 4 =$

❼ $45 \div 5 =$

❽ $36 \div 6 =$

❾ $24 \div 8 =$

❿ $12 \div 2 =$

⓫ $21 \div 3 =$

⓬ $27 \div 9 =$

⓭ $32 \div 4 =$

⓮ $72 \div 8 =$

⓯ $63 \div 9 =$

⓰ $49 \div 7 =$

$\div 6$

18	30	54	24	42	48	12	6	36
3								

쉽지만 가장 중요한 기초 쌓기 문제예요. 꼭 풀고 넘어가요.

나눗셈을 하세요.

① $20 \div 5 =$

곱셈구구를 외우자!
5의 단 곱셈구구를 외우자!

② $24 \div 6 =$

③ $28 \div 4 =$

④ $16 \div 2 =$

⑤ $56 \div 7 =$

⑥ $35 \div 7 =$

⑦ $20 \div 4 =$

⑧ $45 \div 9 =$

⑨ $42 \div 6 =$

⑩ $27 \div 3 =$

⑪ $72 \div 9 =$

⑫ $48 \div 8 =$

⑬ $56 \div 8 =$

⑭ $42 \div 7 =$

⑮ $54 \div 9 =$

⑯ $54 \div 6 =$

$\div 8$

40	56	16	8	24	64	72	32	48

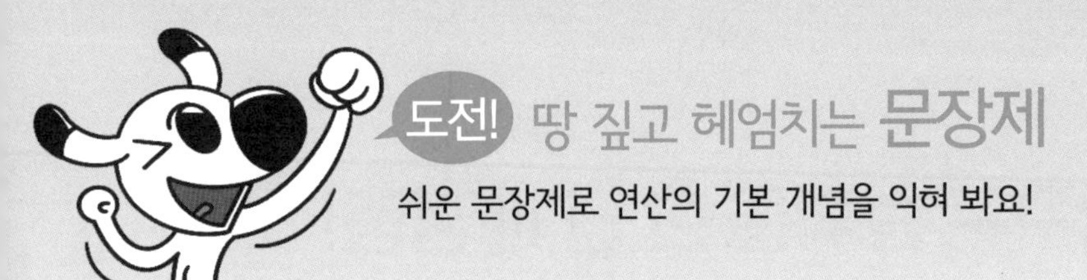

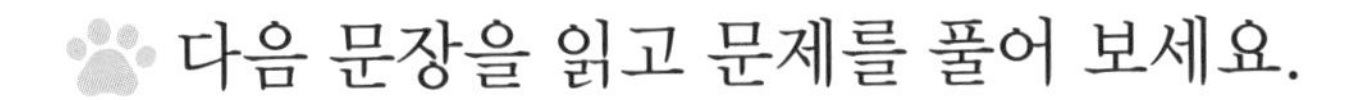
다음 문장을 읽고 문제를 풀어 보세요.

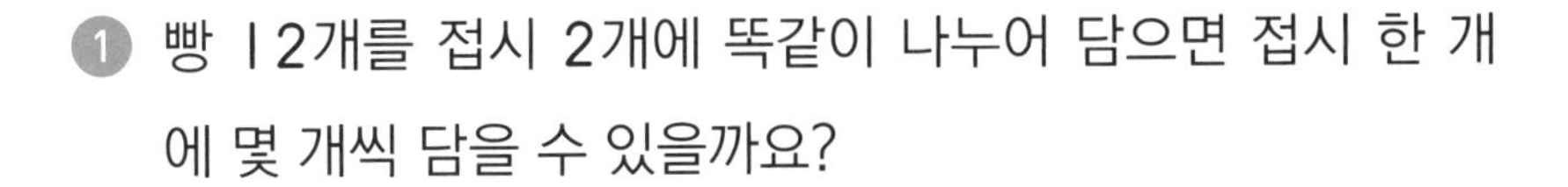
❶ 빵 12개를 접시 2개에 똑같이 나누어 담으면 접시 한 개에 몇 개씩 담을 수 있을까요?

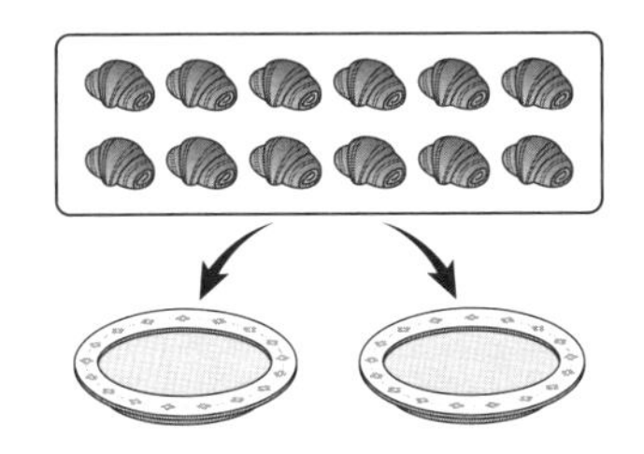

____

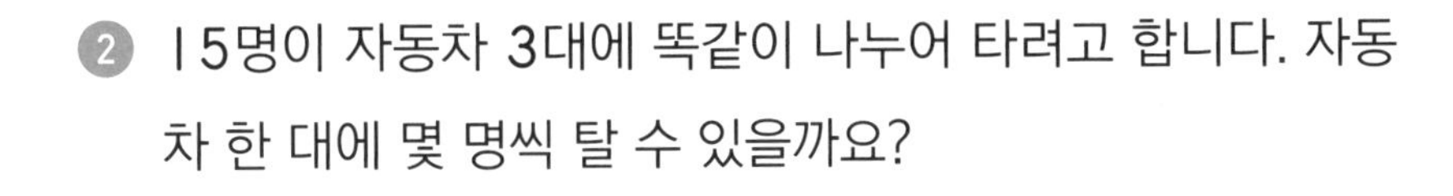
❷ 15명이 자동차 3대에 똑같이 나누어 타려고 합니다. 자동차 한 대에 몇 명씩 탈 수 있을까요?

____

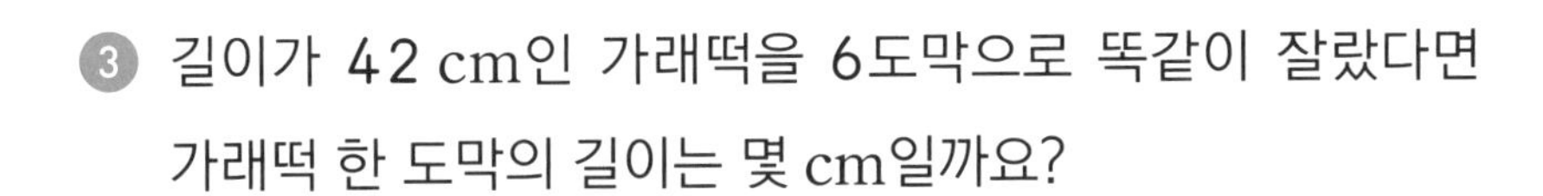
❸ 길이가 42 cm인 가래떡을 6도막으로 똑같이 잘랐다면 가래떡 한 도막의 길이는 몇 cm일까요?

____

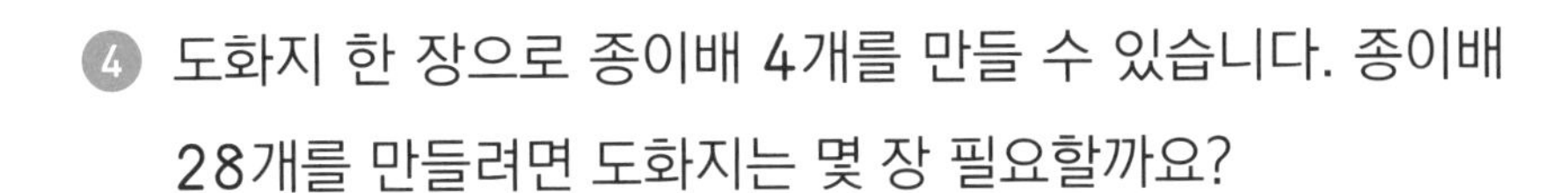
❹ 도화지 한 장으로 종이배 4개를 만들 수 있습니다. 종이배 28개를 만들려면 도화지는 몇 장 필요할까요?

____

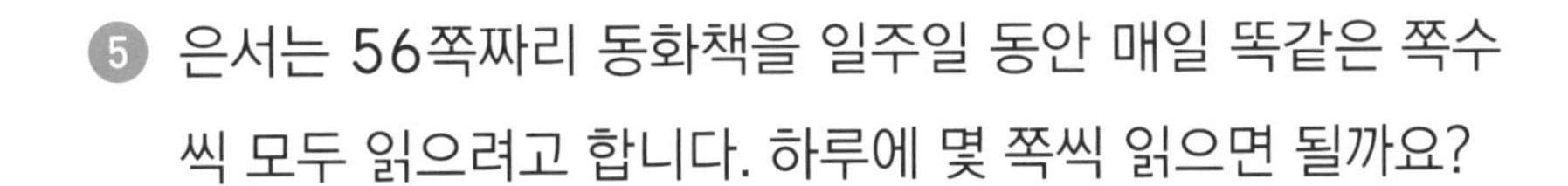
❺ 은서는 56쪽짜리 동화책을 일주일 동안 매일 똑같은 쪽수씩 모두 읽으려고 합니다. 하루에 몇 쪽씩 읽으면 될까요?

____

❺ 일주일은 7일이에요.

나눗셈구구 실력을 한 단계 껑충!

✪ 나눗셈식을 곱셈식 2개로 나타내기

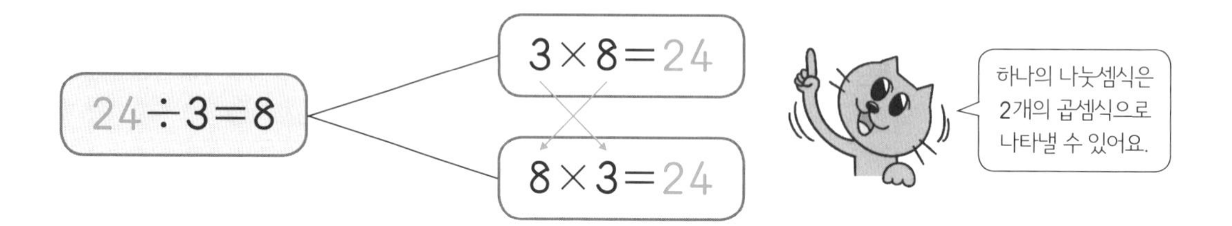

✪ 나눗셈구구에서 나누는 수 또는 나누어지는 수 구하기

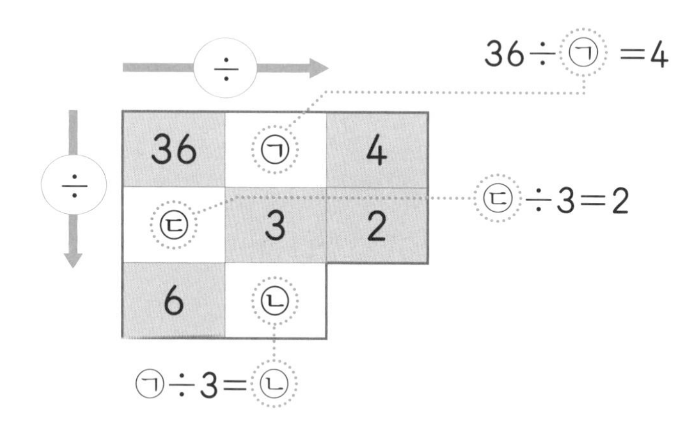

- 36÷㉠=4에서 ㉠ 구하기
  36÷㉠=4 ⟶ 36÷4=㉠, ㉠=9

㉠을 구하려면
■÷●=▲
■÷▲=●를
이용하면 돼요.

- ㉠÷3=㉡에서 ㉡ 구하기
  ㉠÷3=㉡ ⟶ 9÷3=㉡, ㉡=[1] ☐ (㉠=9)

가로줄로 식 세우기

- ㉢÷3=2에서 ㉢ 구하기
  ㉢÷3=2 ⟶ 3×2=㉢, ㉢=[2] ☐

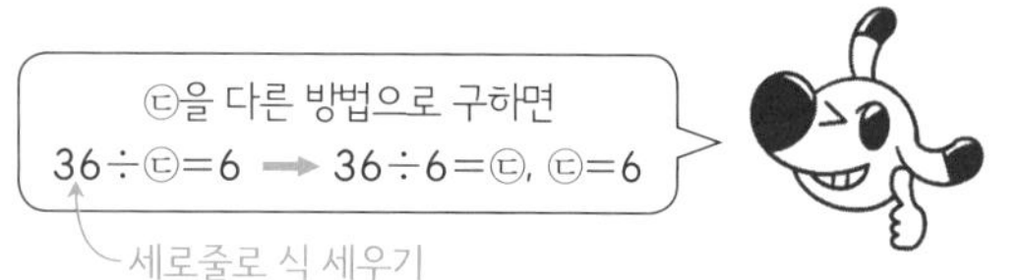

1. 3 2. 6

▲÷□=★은 ▲÷★=□로 바꾸어서 □를 구하면 돼요.

27÷□=3 ➡ 27÷3=□

□ 안에 알맞은 수를 써넣으세요.

① 24÷□=3

② 18÷□=2

③ 40÷□=8

④ 49÷□=7

⑤ 18÷□=6

⑥ 54÷□=6

⑦ 28÷□=4

⑧ 42÷□=6

⑨ 45÷□=9

⑩ 25÷□=5

⑪ 14÷□=2

⑫ 72÷□=8

⑬ 56÷□=7

⑭ 36÷□=4

⑮ 32÷□=8

⑯ 42÷□=7

⑰ 54÷□=9

⑱ 63÷□=9

□÷●=★은 ●×★=□로 바꾸어서 □를 구하면 돼요.

□÷2=6 ➡ 2×6=□

□ 안에 알맞은 수를 써넣으세요.

① □÷6=6

② □÷8=7

③ □÷2=8

④ □÷9=4

⑤ □÷6=8

⑥ □÷3=7

⑦ □÷4=5

⑧ □÷5=9

⑨ □÷7=4

⑩ □÷7=6

⑪ □÷5=7

⑫ □÷4=9

⑬ □÷3=4

⑭ □÷9=8

⑮ □÷8=8

⑯ □÷6=5

⑰ □÷7=9

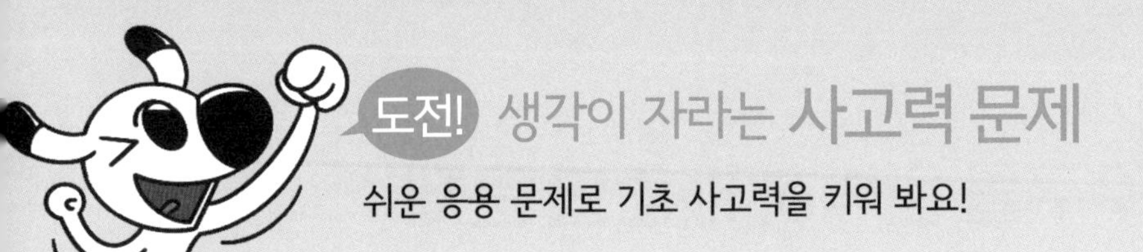

빈칸에 알맞은 수를 써넣으세요.

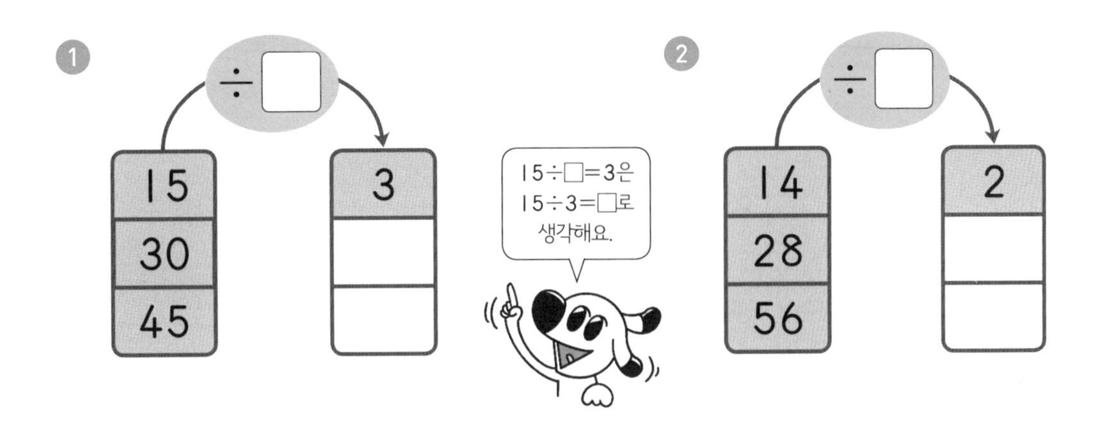

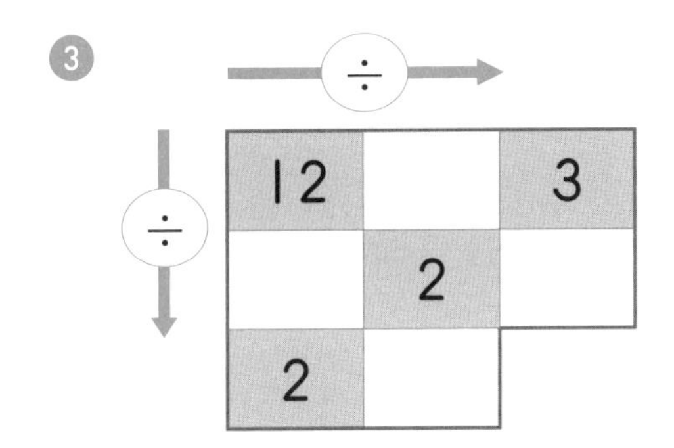

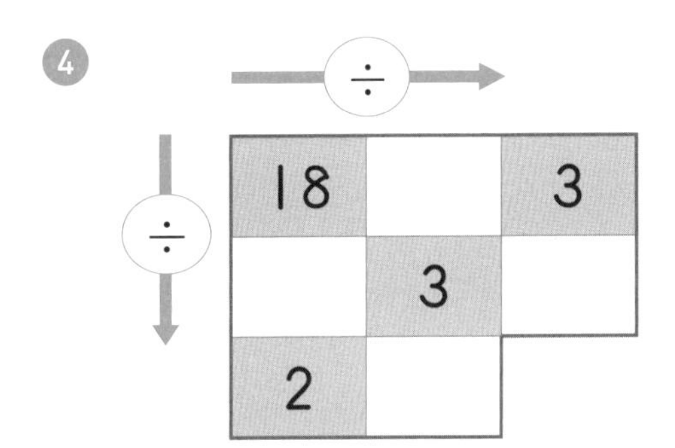

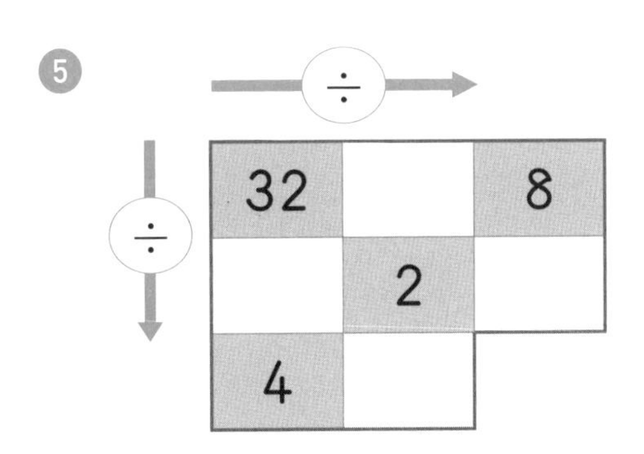

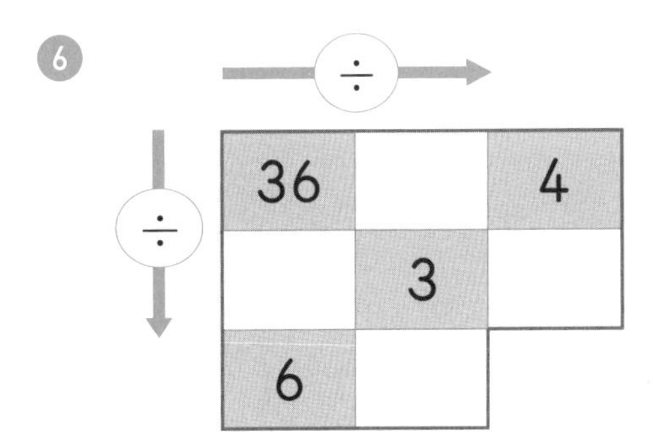

섞어 연습하기

04 나눗셈구구를 완벽하게 종합 문제

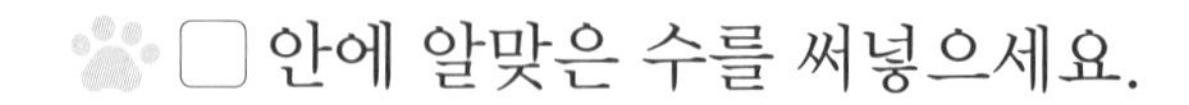
□ 안에 알맞은 수를 써넣으세요.

① $7 \times \square = 14$ ➡ $14 \div 7 = \square$

② $\square \times 5 = 40$ ➡ $40 \div 5 = \square$

③ $4 \times \square = 28$ ➡ $28 \div 4 = \square$

④ $\square \times 8 = 48$ ➡ $48 \div 8 = \square$

⑤ $\square \times 6 = 54$ ➡ $54 \div 6 = \square$

⑥ $9 \times \square = 63$ ➡ $63 \div 9 = \square$

나눗셈을 하세요.

⑦ $20 \div 4 =$

⑧ $24 \div 3 =$

⑨ $35 \div 5 =$

⑩ $18 \div 2 =$

⑪ $45 \div 9 =$

⑫ $27 \div 3 =$

⑬ $36 \div 6 =$

⑭ $32 \div 8 =$

⑮ $56 \div 7 =$

⑯ $81 \div 9 =$

나눗셈구구도 곱셈구구처럼
바로바로 답이 나오도록 외워야 해요.

□ 안에 알맞은 수를 써넣으세요.

❶ $12 \div \square = 6$

❷ $\square \div 7 = 3$

❸ $30 \div \square = 5$

❹ $\square \div 2 = 8$

❺ $32 \div \square = 4$

❻ $\square \div 9 = 4$

❼ $45 \div \square = 5$

❽ $\square \div 7 = 4$

❾ $64 \div \square = 8$

❿ $\square \div 6 = 9$

⓫ $63 \div \square = 7$

⓬ $\square \div 9 = 8$

빈칸에 알맞은 수를 써넣으세요.

⓭

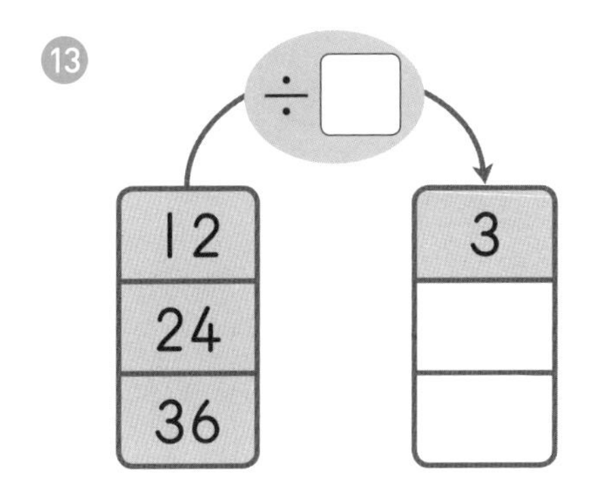

⓮

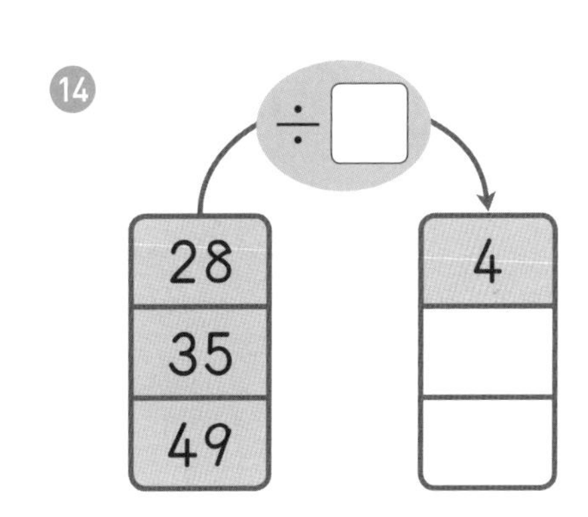

나눗셈식이 맞는 길로 가면 빠독이가 원하는 것을 얻을 수 있습니다. 올바른 나눗셈식이 되도록 길을 따라가 보세요.

①

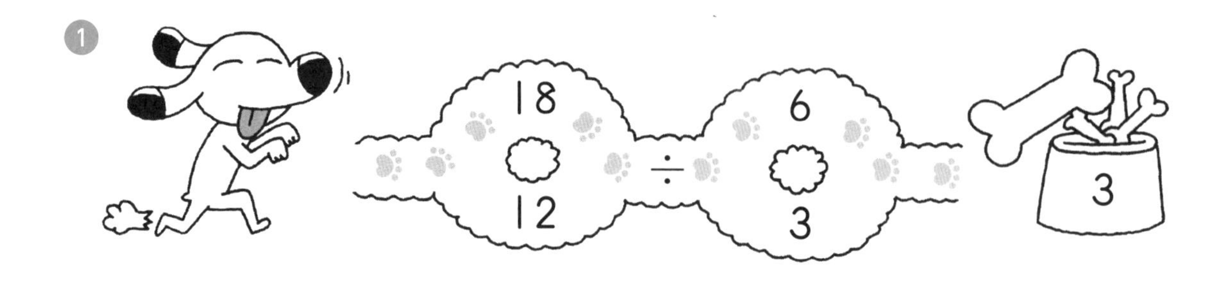

②

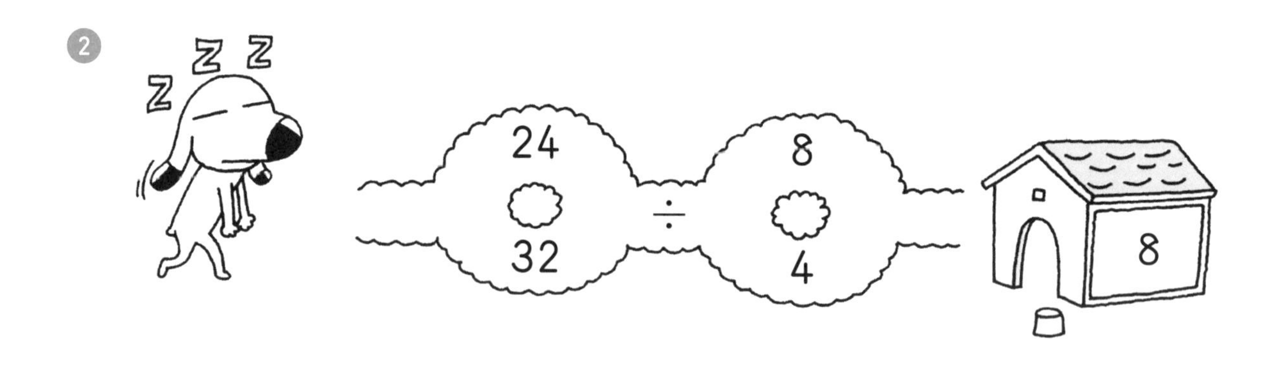

③

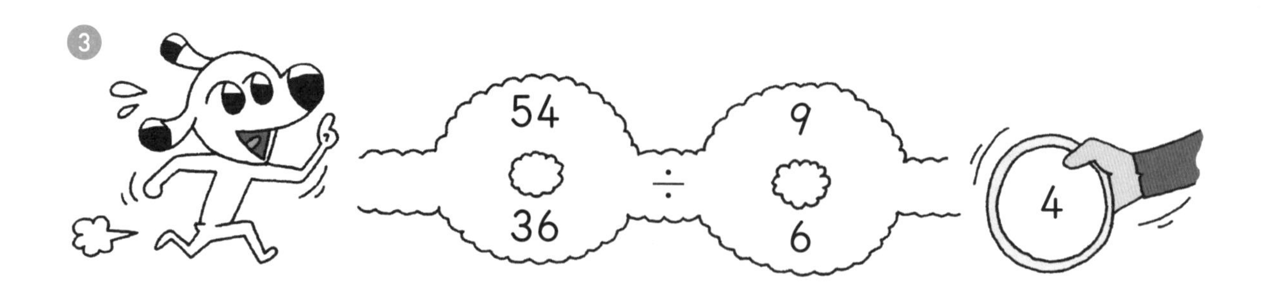

바른 답을 따라갔을 때 먹을 수 있는 음식을 찾아 ○표 하세요.

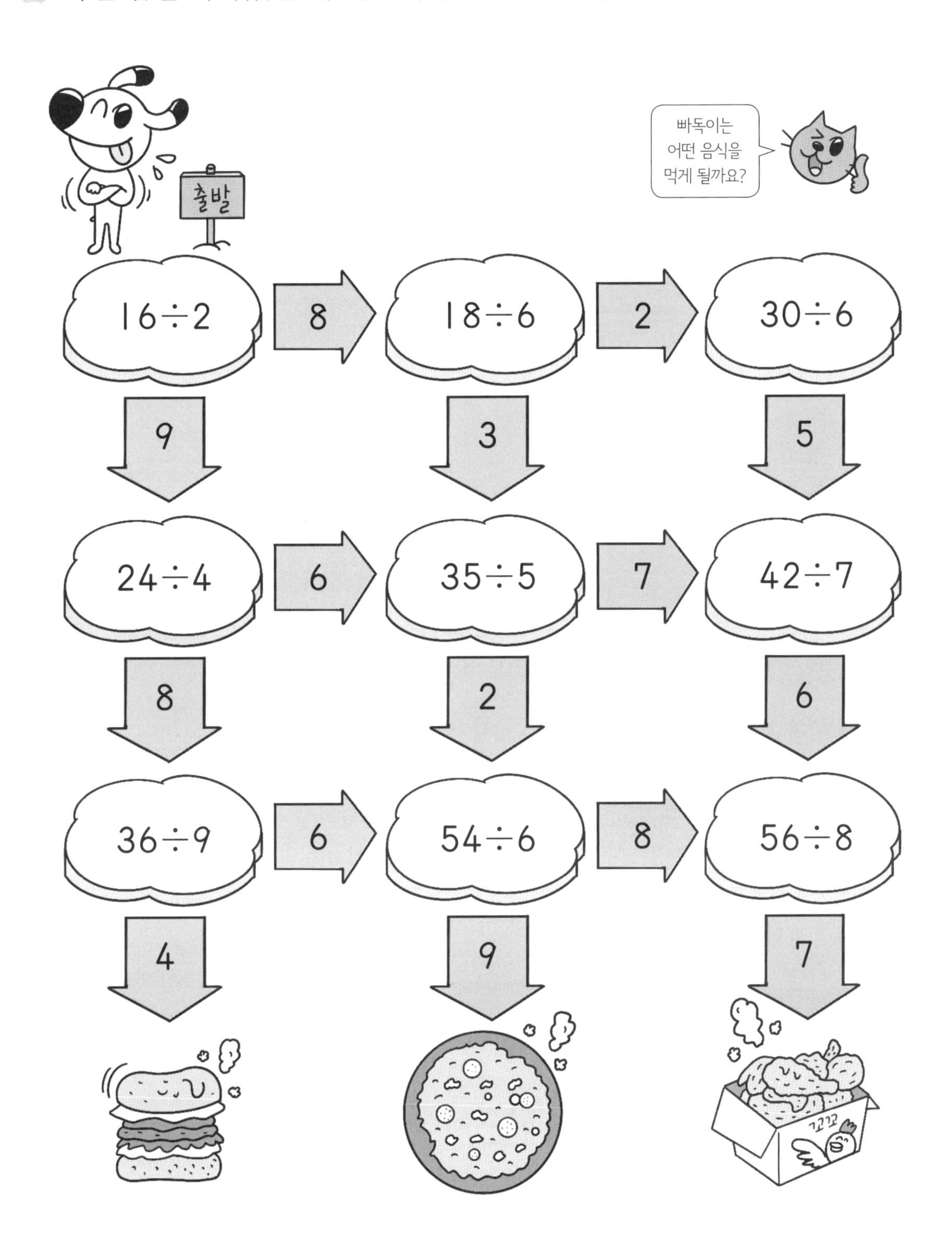

'온 세상, 온몸, 온갖'에서 '온'의 의미는 무엇일까요?

우리 주위에서 흔히 사용하는 말 중, '온' 이라는 글자가 포함된 단어가 있어요. '온 세상', '온누리', '온몸', '온갖', '온천지' 등이 있는데 여기서 '온' 은 숫자 100(백)을 뜻하는 우리 옛날 말이에요.
현재는 '전부의 또는 모두의' 라는 뜻으로, '온몸이 아프다', '온 세상 어린이를 다 만나고 오겠네' 처럼 사용되고 있답니다. 바빠 친구들도 '온' 이라는 글자를 붙여서 단어를 만들어 보세요~.

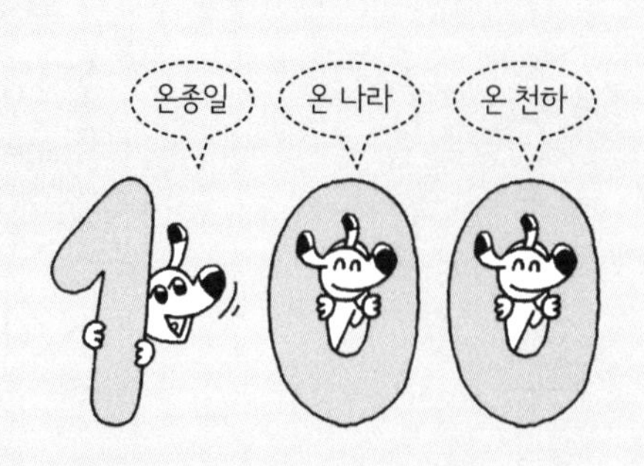

둘째 마당

(두 자리 수)÷(한 자리 수)

이제 본격적인 나눗셈의 세계로 들어가 볼까요? 기초 체력이 튼튼해야 운동을 잘하는 것처럼 (두 자리 수)÷(한 자리 수) 계산을 잘해야 큰 수의 나눗셈 계산도 잘할 수 있어요. 몫과 나머지를 암산으로 구할 수 있는지 확인해 보면서 풀어 보세요.

공부할 내용!	완료	10일 진도	20일 진도
05 나눗셈의 몫은 앞에서부터 차근차근!	☐	2일차	3일차
06 몫과 나머지를 잘 구했는지 확인해 봐!	☐		
07 십의 자리 몫을 구하고 남은 수는 꼭 쓰자	☐		4일차
08 (두 자리 수)÷(한 자리 수) 종합 문제	☐		

나눗셈의 몫은 앞에서부터 차근차근!

✪ 몫이 두 자리 수인 (몇십)÷(몇)

(몇)÷(몇)을 계산한 값에 0을 [1] ☐ 개 붙입니다.

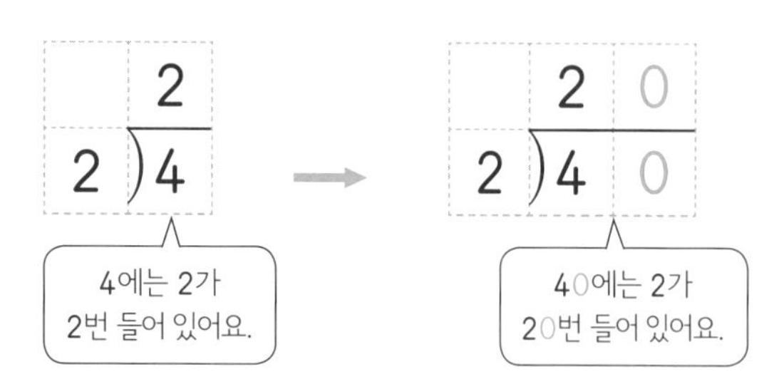

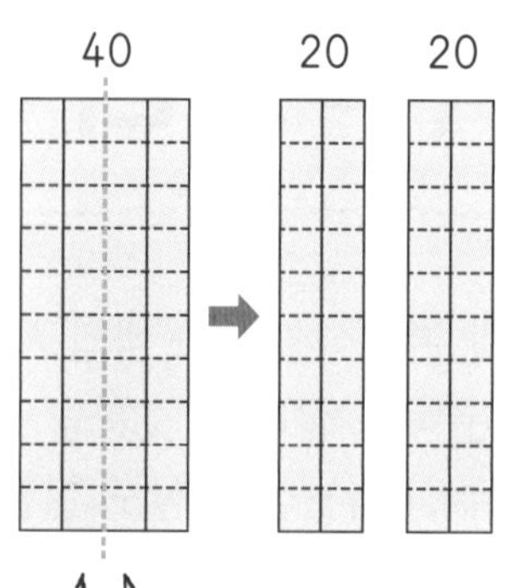

✪ 몫이 두 자리 수이고 나머지가 없는 (두 자리 수)÷(한 자리 수)

십의 자리, [2] ☐ 의 자리 순서로 나눕니다.

❶ 십의 자리 계산
$6 \div 2 = 3$

❷ 일의 자리 계산
$8 \div 2 = 4$

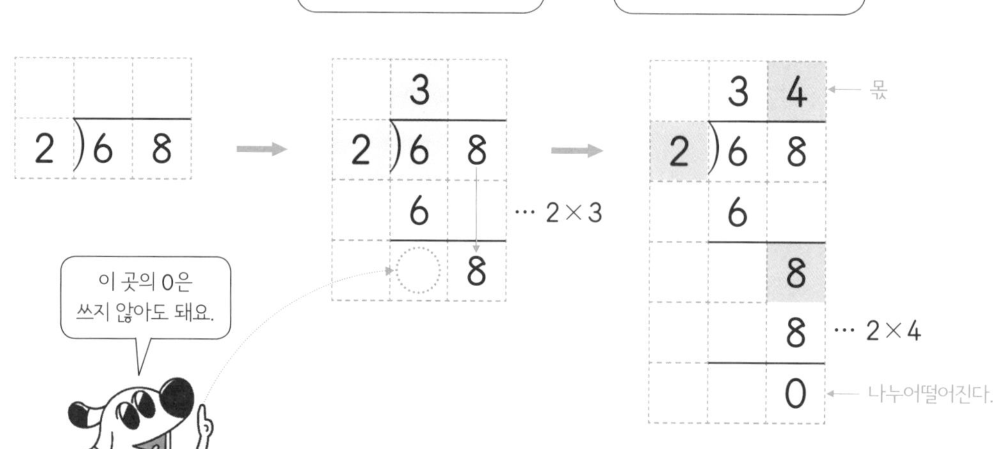

1. 1 2. 일

내림이 없는 (두 자리 수)÷(한 자리 수)는
십의 자리 수를 나눈 몫은 십의 자리에 쓰고,
일의 자리 수를 나눈 몫은 일의 자리에 쓰면 끝!

나눗셈을 하세요.

① 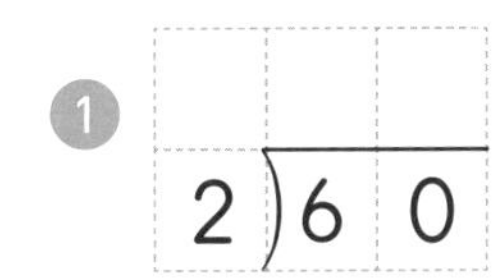 $2\overline{)60}$

② $4\overline{)80}$

③ $2\overline{)46}$

④ $3\overline{)39}$

⑤ $2\overline{)62}$

⑥ $2\overline{)42}$

⑦ $3\overline{)69}$

⑧ $2\overline{)82}$

⑨ $4\overline{)84}$

⑩ $3\overline{)93}$

⑪ $6\overline{)66}$

나눗셈의 몫을 암산으로 구할 수 있으면 계산 과정은 생략해도 돼요.

나눗셈을 하세요.

① $2\overline{)26}$

② $2\overline{)48}$

③ $3\overline{)36}$

④ $2\overline{)68}$

⑤ $2\overline{)84}$

⑥ $3\overline{)60}$

⑦ $2\overline{)86}$

⑧ $3\overline{)63}$

⑨ $3\overline{)66}$

⑩ $8\overline{)88}$

⑪ $3\overline{)96}$

도전! 땅 짚고 헤엄치는 문장제

쉬운 문장제로 연산의 기본 개념을 익혀 봐요!

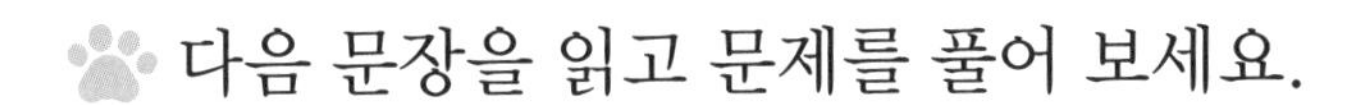
다음 문장을 읽고 문제를 풀어 보세요.

❶ 90개를 3묶음으로 나누면 한 묶음은 몇 개일까요?

____

❷ 사과 26개를 2봉지에 똑같이 나누어 담았다면 한 봉지에 몇 개씩 담았을까요?

____

❸ 연필 48자루를 4명이 똑같이 나누어 가지려고 합니다. 한 명이 연필을 몇 자루씩 가질 수 있을까요?

____

❹ 수건 63장을 한 상자에 3장씩 나누어 담으면 몇 상자가 될까요?

____

❺ 수학 88문제를 4일 동안 똑같이 나누어 풀려고 합니다. 하루에 몇 문제씩 풀어야 할까요?

____

몫과 나머지를 잘 구했는지 확인해 봐!

✪ 몫이 한 자리 수이고 나머지가 있는 (두 자리 수)÷(한 자리 수)

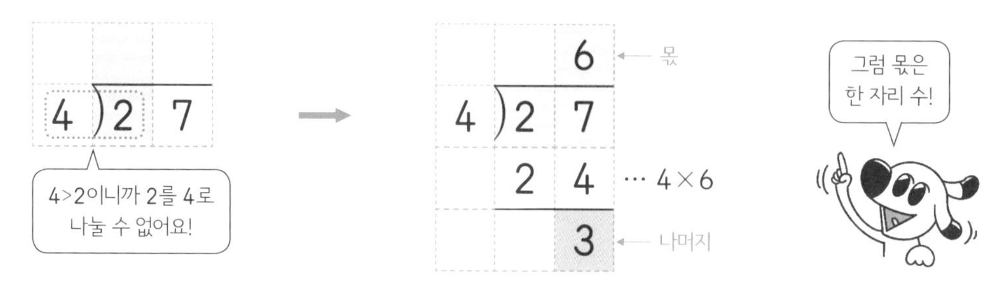

27을 4로 나누면 몫은 [1] ☐ 이고 [2] ☐ 는 3입니다.

✪ 나눗셈을 바르게 계산했는지 확인하기

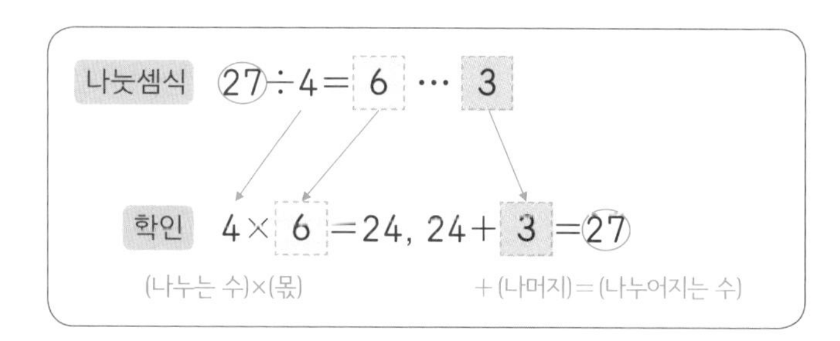

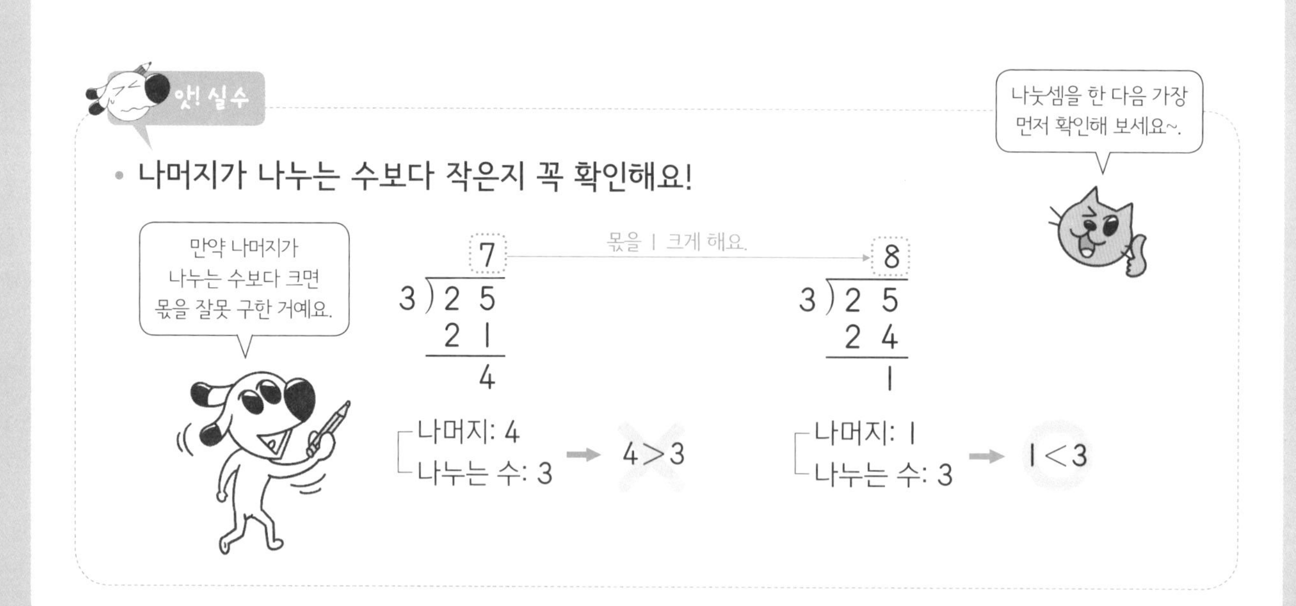

1. 6 2. 나머지

6) 17 → 2, 12, ~~4~~ → 6) 17 → 2, 12, 5

나눗셈의 몫은 잘 구했지만 뺄셈에서 실수하여
나머지를 잘못 구하는 경우도 종종 있어요.
나머지를 구할 때 조심해요.

나눗셈을 하세요.

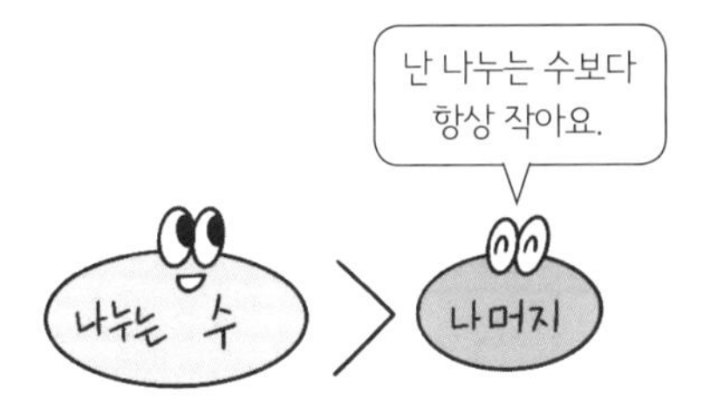

① 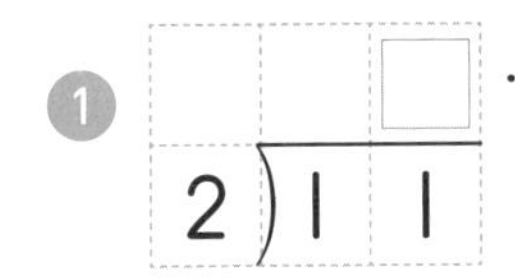

② 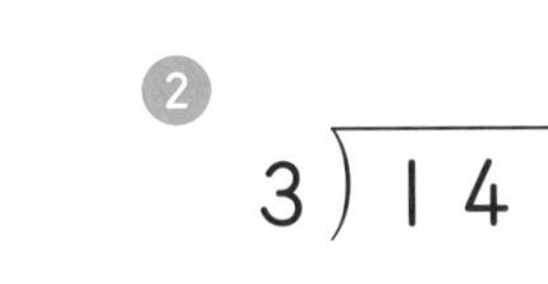

③ 3) 1 9

④ 4) 3 1

⑤ 5) 2 7

⑥ 5) 4 3

⑦ 6) 1 6

⑧ 9) 3 2

⑨ 7) 2 6

⑩ 8) 5 2

⑪ 9) 6 0

확인 ___ × ___ = ___ , ___ + ___ = ___

확인 ______________ , ______________

확인 ______________ , ______________

$$2\overline{)9}$$ 4 ⋯ 1

(나누는 수)>(나머지)

나머지가 있는 나눗셈이면
나머지가 나누는 수보다 작은지 꼭 확인해 봐요.

나눗셈을 하세요.

① $2\overline{)15}$

② $3\overline{)23}$

③ $4\overline{)26}$

④ $5\overline{)19}$

⑤ $6\overline{)32}$

⑥ $7\overline{)34}$

⑦ $8\overline{)29}$

⑧ $9\overline{)44}$

⑨ $7\overline{)62}$

⑩ $6\overline{)58}$

⑪ $8\overline{)63}$

⑫ $9\overline{)65}$

확인 ____________, ____________

확인 ____________, ____________

확인 ____________, ____________

머릿속으로 몫과 나머지를 구하고 답이 맞는지 확인해 봐요~.

나눗셈을 하세요.

① $2\overline{)13}$

② $7\overline{)17}$

③ $6\overline{)23}$

④ $5\overline{)49}$

⑤ $4\overline{)38}$

⑥ $3\overline{)25}$

⑦ $6\overline{)51}$

⑧ $8\overline{)70}$

⑨ $9\overline{)74}$

⑩ $7\overline{)55}$

⑪ $9\overline{)80}$

확인 ________________, ________________

확인 ________________, ________________

도전! 땅 짚고 헤엄치는 문장제

쉬운 문장제로 연산의 기본 개념을 익혀 봐요!

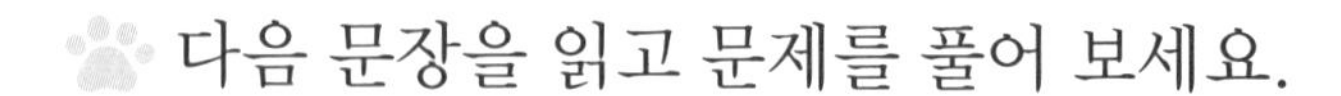

① 마카롱 35개를 한 접시에 4개씩 나누어 담으면 몇 접시가 되고, 마카롱은 몇 개가 남을까요?

________, ________

② 공책 46권을 한 명에게 5권씩 나누어 주려고 합니다. 공책을 몇 명에게 나누어 줄 수 있고, 몇 권이 남을까요?

________, ________

③ 일주일은 7일입니다. 30일은 몇 주이고, 며칠일까요?

________, ________

④ 복숭아 60개를 8개씩 포장했습니다. 포장하고 남은 복숭아는 몇 개일까요?

____

⑤ 오이 53개를 한 바구니에 6개씩 나누어 담으면 몇 바구니에 담을 수 있고, 오이는 몇 개가 남을까요?

________, ________

07 십의 자리 몫을 구하고 남은 수는 꼭 쓰자

몫이 두 자리 수이고 나머지가 없는 (두 자리 수)÷(한 자리 수)

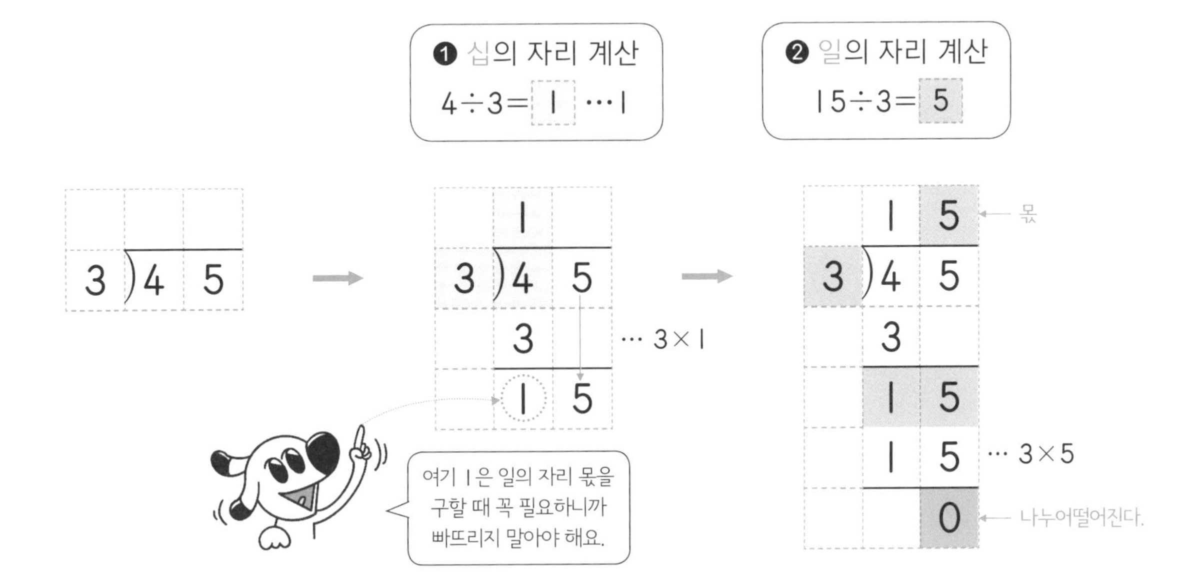

몫이 두 자리 수이고 나머지가 있는 (두 자리 수)÷(한 자리 수)

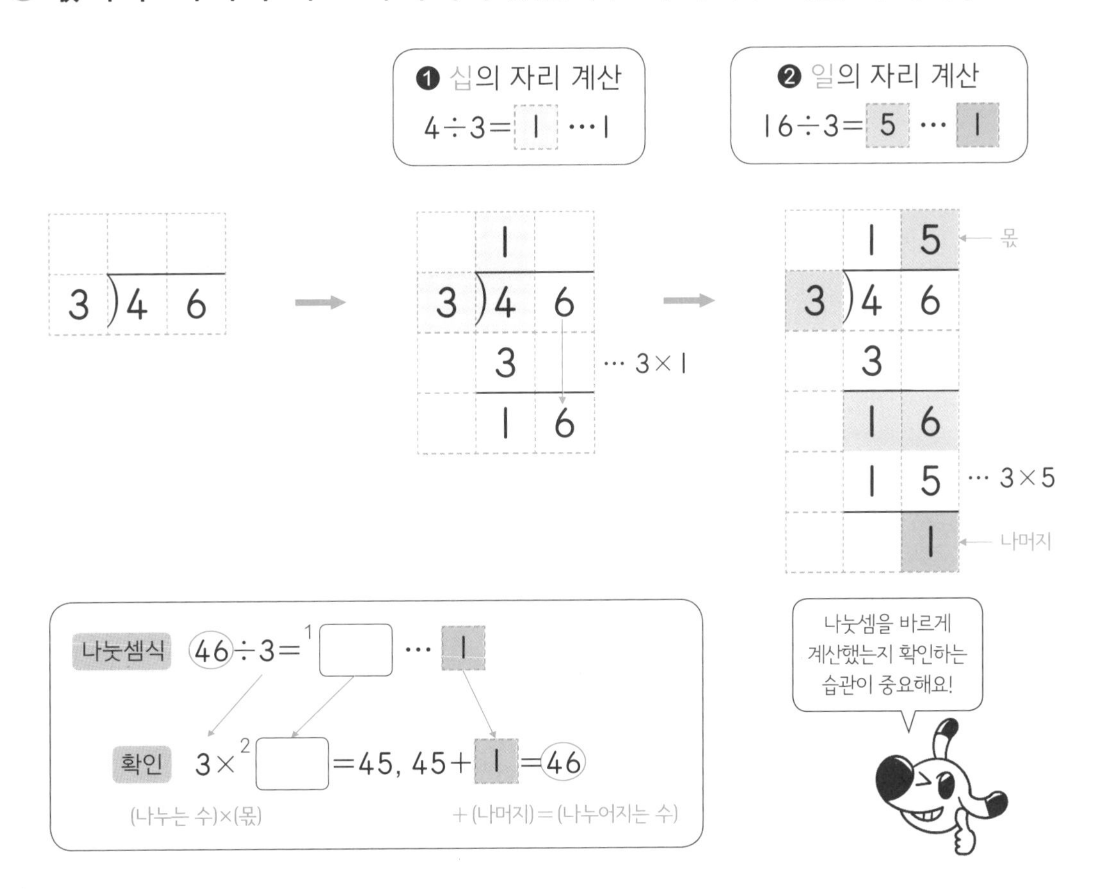

1.15 2.15

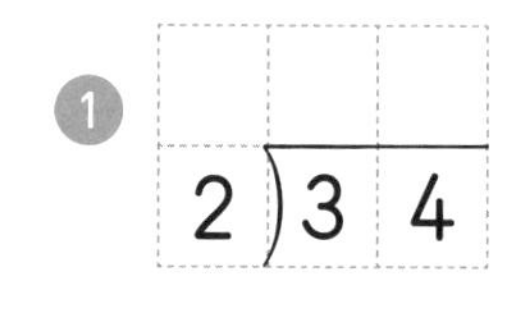

나머지가 없으면 (나누는 수)×(몫)=(나누어지는 수)로
바르게 계산했는지 확인할 수 있어요.

나눗셈을 하세요.

① $2\overline{)34}$

② $4\overline{)64}$

③ $2\overline{)72}$

④ $3\overline{)48}$

⑤ $5\overline{)60}$

⑥ $7\overline{)91}$

⑦ $5\overline{)75}$

⑧ $6\overline{)90}$

⑨ $8\overline{)96}$

⑩ $4\overline{)92}$

⑪ $7\overline{)84}$

⑫ $3\overline{)87}$

나머지가 나누는 수보다 크면 몫을 잘못 구한 거예요.
나머지는 나누는 수보다 항상 작아야 한다는 것을 꼭 기억해요.

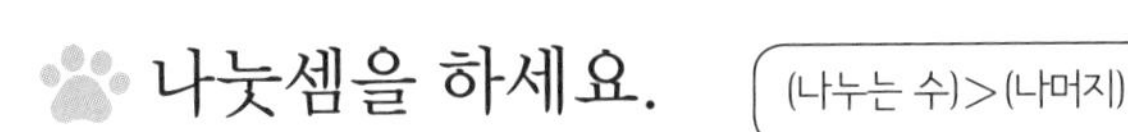

나눗셈을 하세요.

① $2\overline{)37}$ … □

② $3\overline{)41}$

③ $5\overline{)62}$

④ $4\overline{)53}$

⑤ $6\overline{)75}$

⑥ $3\overline{)74}$

⑦ $3\overline{)58}$

⑧ $5\overline{)76}$

⑨ $3\overline{)89}$

⑩ $8\overline{)91}$

⑪ $4\overline{)62}$

⑫ $7\overline{)88}$

(나누는 수)×(몫)에 나머지를 더했을 때 나누어지는 수가 되는지 확인하면
나눗셈의 계산이 맞는지 알 수 있어요.

나눗셈을 하세요.

① $2\overline{)59}$

② $4\overline{)75}$

③ $5\overline{)84}$

④ $3\overline{)70}$

⑤ $6\overline{)82}$

⑥ $8\overline{)97}$

⑦ $2\overline{)73}$

⑧ $4\overline{)90}$

⑨ $2\overline{)91}$

⑩ $3\overline{)82}$

⑪ $7\overline{)96}$

도전! 땅 짚고 헤엄치는 문장제

쉬운 문장제로 연산의 기본 개념을 익혀 봐요!

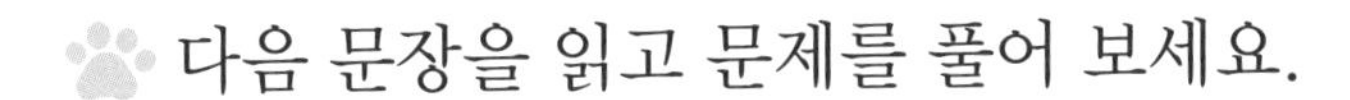

다음 문장을 읽고 문제를 풀어 보세요.

① 48명을 두 팀으로 똑같이 나누면 한 팀은 몇 명일까요?

____

② 동화책 42권을 3달 동안 똑같이 나누어 모두 읽으려면 한 달에 몇 권씩 읽어야 할까요?

____

③ 구슬 50개를 4개씩 묶으면 몇 묶음이 되고, 몇 개가 남을까요?

__________, __________

④ 장난감 75개를 6상자에 똑같이 나누어 담으려고 합니다. 한 상자에 장난감을 몇 개씩 담을 수 있고, 몇 개가 남을까요?

__________, __________

⑤ 감을 한 봉지에 5개씩 담았더니 14봉지가 되고 3개가 남았습니다. 감은 모두 몇 개일까요?

____

⑤ 전체 감의 수는 14봉지에 담은 감의 수를 구한 다음 남은 감 3개를 더하면 돼요.

섞어 연습하기

08 (두 자리 수)÷(한 자리 수) 종합 문제

나눗셈을 하세요.

① $3\overline{)93}$

② $4\overline{)34}$

③ $5\overline{)69}$

④ $4\overline{)68}$

⑤ $6\overline{)52}$

⑥ $7\overline{)84}$

⑦ $3\overline{)49}$

⑧ $5\overline{)34}$

⑨ $4\overline{)91}$

⑩ $9\overline{)70}$

⑪ $6\overline{)85}$

⑫ $8\overline{)96}$

계산이 끝나면 가장 먼저
(나누는 수)>(나머지)인지 꼭 확인해요!

나누는 수 > 나머지

나눗셈을 하세요.

❶ $2\overline{)78}$

❷ $3\overline{)95}$

❸ $8\overline{)43}$

❹ $4\overline{)74}$

❺ $5\overline{)85}$

❻ $7\overline{)91}$

❼ $5\overline{)93}$

❽ $9\overline{)26}$

❾ $8\overline{)97}$

❿ $6\overline{)84}$

⓫ $7\overline{)48}$

⓬ $9\overline{)82}$

빠독이와 쁘냥이가 터뜨리려는 풍선을 찾아 ×표 하세요.

1

2

미로를 탈출하기 위해 나눗셈을 바르게 계산한 것을 따라 선을 이어 보세요.

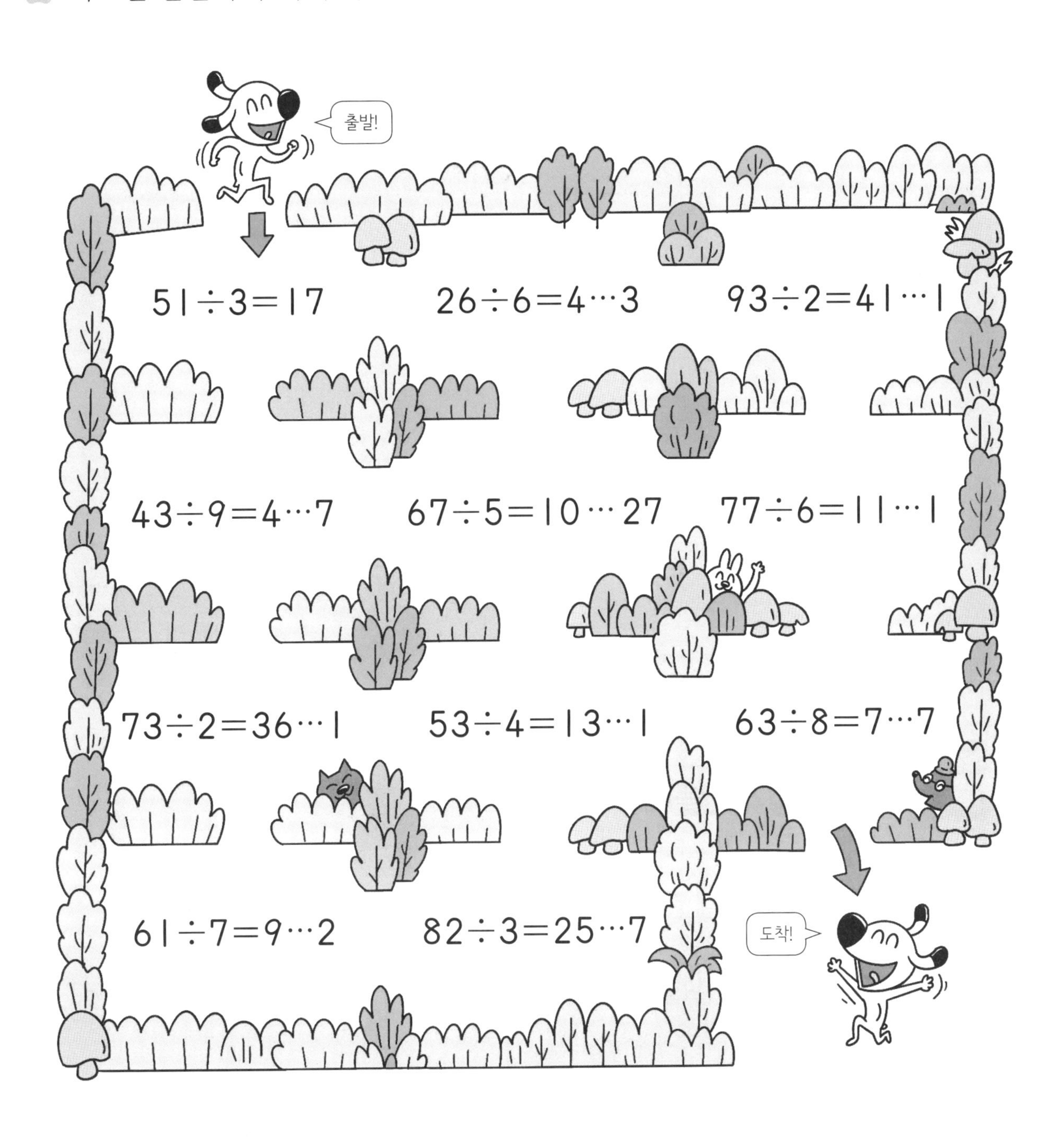

계산 결과가 (나누는 수)>(나머지)인가요?
나눗셈은 답이 맞는지 확인하는 식을 이용하면
틀린 답을 바로 잡을 수 있어요~.
계산한 다음 꼭 확인하고 넘어가요!

÷는 어떻게 만들어졌을까요?

나눗셈 기호 '÷'는 1600년대 말, 스위스 사람인 하인리히 란이 처음으로 사용했어요. 란은 분수 모양을 보면서 이 기호를 만들었다고 해요. 그래서일까요? 나누기 기호를 찬찬히 들여다보면 그 모양이 분수의 형태와 같아요.

셋째 마당

(세 자리 수)÷(한 자리 수)

셋째 마당은 둘째 마당에서 연습한 (두 자리 수)÷(한 자리 수)에서 나누어지는 수가 한 자리 더 커졌을 뿐 계산 원리는 똑같아요. 나머지가 있을 때는 바르게 계산했는지 확인하는 습관을 길러서 정확도를 높여 보세요.

공부할 내용!	완료	10일 진도	20일 진도
09 (두 자리 수)÷(한 자리 수)를 떠올려 봐	☐	3일차	5일차
10 나누어지지 않으면 몫을 한 칸 오른쪽으로!	☐		6일차
11 나누는 수와 나머지를 비교해 보자!	☐	4일차	7일차
12 실수 없게! (세 자리 수)÷(한 자리 수) 집중 연습	☐		8일차
13 (세 자리 수)÷(한 자리 수) 종합 문제	☐	5일차	9일차

09 (두 자리 수)÷(한 자리 수)를 떠올려 봐

✪ 몫이 세 자리 수인 (세 자리 수)÷(한 자리 수)

각 자리의 나눗셈을 하고 [1] 남은 수는 내려서 다음 자리의 나눗셈을 합니다.

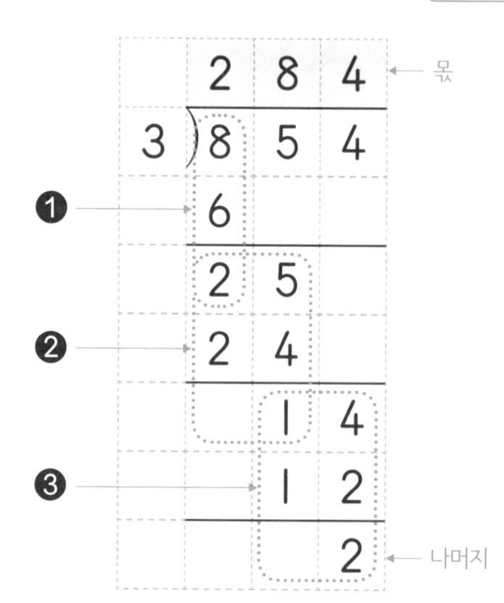

❶ 몫의 **백**의 자리 구하기

$$\begin{array}{r} 2 \\ 3\overline{)8} \\ -6 \\ \hline 2 \end{array}$$

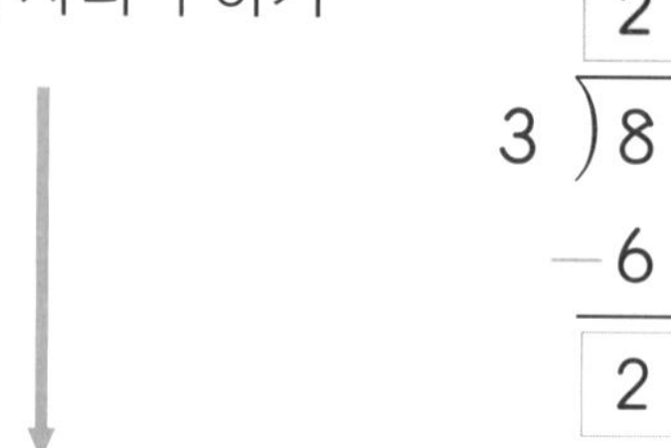

❷ 몫의 [2] ☐의 자리 구하기

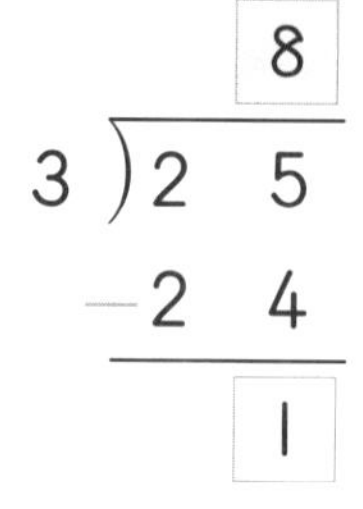

$$\begin{array}{r} 8 \\ 3\overline{)2\;5} \\ -2\;4 \\ \hline 1 \end{array}$$

❸ 몫의 **일**의 자리 구하기

$$\begin{array}{r} 4 \\ 3\overline{)1\;4} \\ -1\;2 \\ \hline 2 \end{array}$$

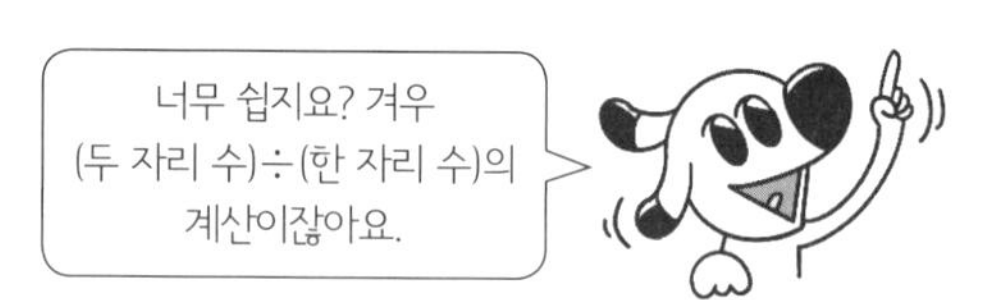

❹ 나눗셈을 바르게 했는지 확인하기

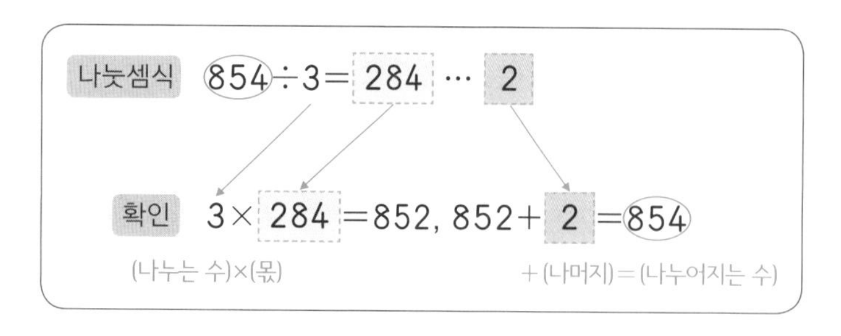

1. 남은 2. 십

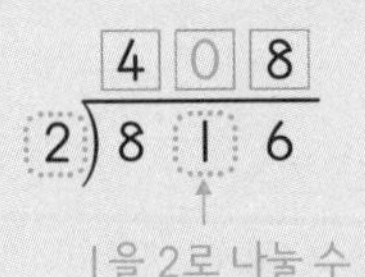

1을 2로 나눌 수 없으므로 몫은 0이 돼요.

$$\begin{array}{r} 210 \\ 3\overline{)630} \end{array}$$

0을 3으로 나눌 수 없으므로 몫은 0이 돼요.

나눗셈을 하세요.

① 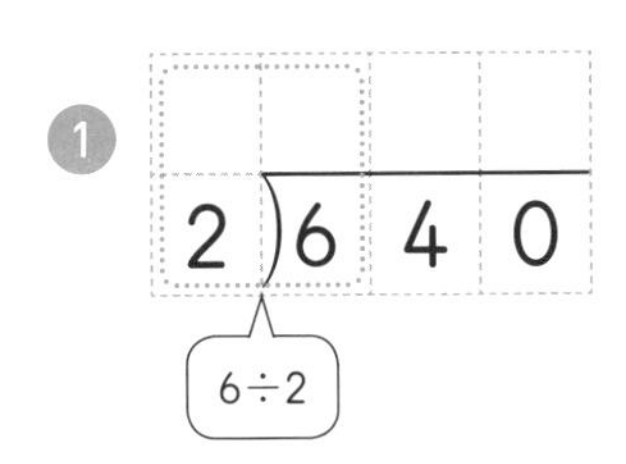

② $5\overline{)925}$

③ $3\overline{)372}$

④ $2\overline{)478}$

⑤ $4\overline{)580}$

⑥ $6\overline{)738}$

⑦ $4\overline{)752}$

⑧ $7\overline{)854}$

⑨ $3\overline{)885}$

⑩ $8\overline{)872}$

⑪ $9\overline{)945}$

나누는 수가 한 자리 수인 경우는 나누어지는 수가 두 자리 수이든 세 자리 수이든 계산 원리가 똑같아요.
(세 자리 수)÷(한 자리 수)도 높은 자리부터 차례대로 나누어 봐요.

나눗셈을 하세요.

① 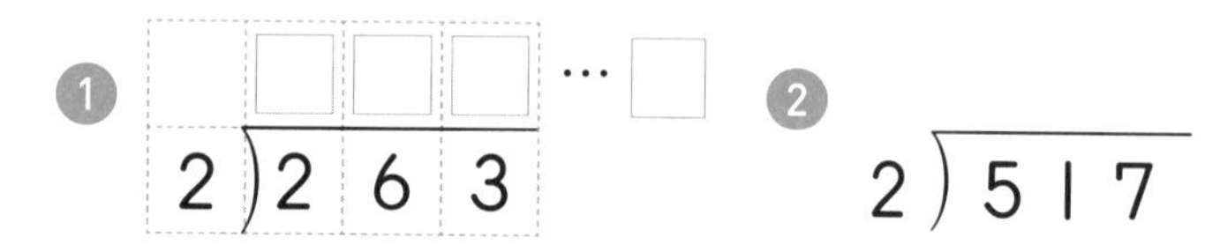 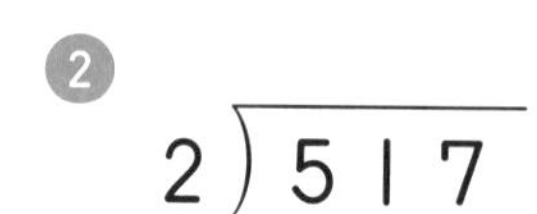
$2\overline{)263}$

② $2\overline{)517}$

③ $3\overline{)409}$

④ $3\overline{)716}$

⑤ $4\overline{)695}$

⑥ $4\overline{)874}$

⑦ $5\overline{)647}$

⑧ $5\overline{)891}$

⑨ $6\overline{)752}$

⑩ $7\overline{)888}$

⑪ $6\overline{)934}$

⑫ $8\overline{)959}$

나눗셈을 하세요.

① $2\overline{)395}$

② $3\overline{)567}$

③ $4\overline{)613}$

④ $3\overline{)722}$

⑤ $2\overline{)751}$

⑥ $6\overline{)864}$

⑦ $5\overline{)928}$

⑧ $6\overline{)916}$

⑨ $8\overline{)990}$

⑩ $7\overline{)863}$

⑪ $9\overline{)957}$

도전! 땅 짚고 헤엄치는 문장제

쉬운 문장제로 연산의 기본 개념을 익혀 봐요!

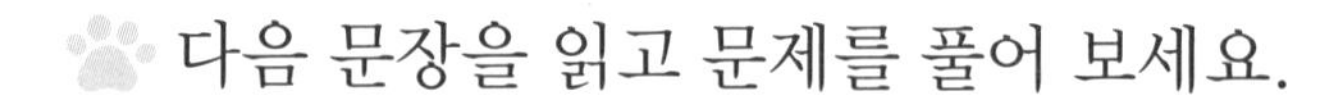

다음 문장을 읽고 문제를 풀어 보세요.

① 밤 360개를 3자루에 똑같이 나누어 담으려면 한 자루에는 몇 개씩 담아야 할까요?

____

② 열대어 237마리를 수조 2개에 똑같이 나누어 넣으면 수조 한 개에 몇 마리씩 넣을 수 있고, 몇 마리가 남을까요?

__________, __________

③ 색종이 453장을 4상자에 똑같이 나누어 담았습니다. 남은 색종이는 몇 장일까요?

____

④ 다람쥐가 도토리 527개를 하루에 5개씩 먹으면 며칠을 먹을 수 있고, 몇 개가 남을까요?

__________, __________

⑤ 색 끈 816 cm가 있습니다. 리본 하나를 만드는 데 색 끈 8 cm가 필요하다면 리본을 몇 개까지 만들 수 있을까요?

____

10 나누어지지 않으면 몫을 한 칸 오른쪽으로!

✪ 몫이 두 자리 수인 (세 자리 수)÷(한 자리 수)

나누어지는 수의 백의 자리 수가 나누는 수보다 작으면 몫의 위치는 [1] ☐의 자리로 옮깁니다.

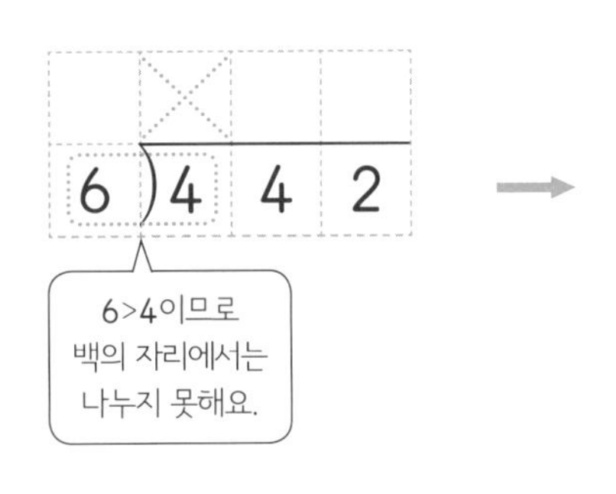

→

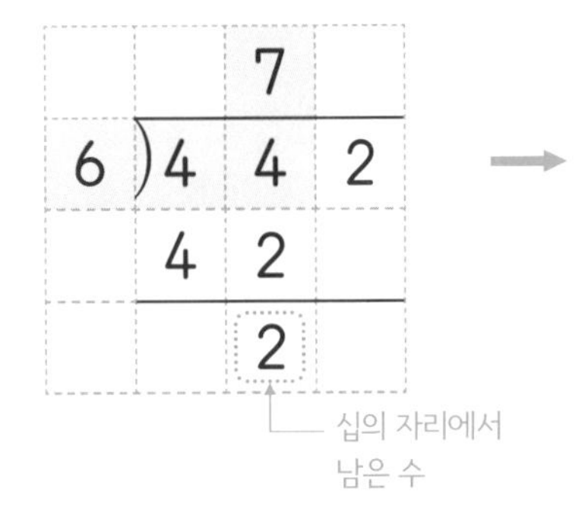

→

		7	3
6	)4	4	2
	4	2	
		2	2
		1	8
			4

← 몫

← 나머지

앗! 실수

- **나누어지는 수가 나누는 수보다 작으면 나눌 수 없어요!**

5)240에서 5)2의 몫은 구할 수 없으므로 5)24의 몫을 구해요.

4
5)2 4 0 ✕

몫의 위치를 잘못 썼어요.

0 4
5)2 4 0 ✕

0을 맨 앞에 쓰면 안 돼요.

4
5)2 4 0 ○

몫을 십의 자리 위에 바르게 썼어요.

역시 처음에
몫의 위치를 정확히
찾는 게 중요해!

1. 십

나누어지는 수의 백의 자리 수가 나누는 수보다 큰지 작은지 확인해 봐요.

나눗셈을 하세요.

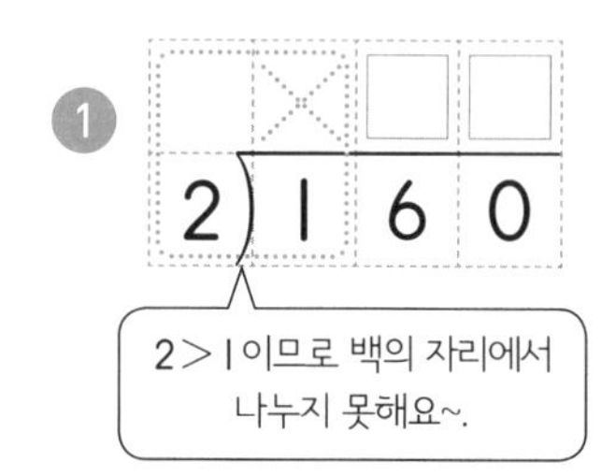

② $4\overline{)376}$

③ $3\overline{)143}$ … □

④ $6\overline{)253}$

⑤ $5\overline{)388}$

⑥ $9\overline{)434}$

⑦ $5\overline{)461}$

⑧ $6\overline{)527}$

⑨ $7\overline{)489}$

⑩ $8\overline{)615}$

⑪ $9\overline{)704}$

몫과 나머지를 잘 구했는지 알아보려면 (나누는 수)×(몫)에 나머지를 더해서 나누어지는 수가 되는지 확인하면 돼요.

나눗셈을 하세요.

① $3\overline{)100}$

② $4\overline{)340}$

③ $2\overline{)173}$

④ $6\overline{)295}$

⑤ $5\overline{)424}$

⑥ $7\overline{)250}$

⑦ $8\overline{)451}$

⑧ $9\overline{)638}$

⑨ $6\overline{)417}$

⑩ $7\overline{)616}$

⑪ $8\overline{)531}$

⑫ $9\overline{)293}$

$$\begin{array}{r} 50 \cdots 3 \\ 5\overline{)253} \\ \underline{25} \\ 3 \end{array}$$

몫의 십의 자리를 구하고 더이상 나눌 수 없으면
몫의 일의 자리에는 반드시 0을 써 줘요.

나눗셈을 하세요.

① $5\overline{)275}$

② $6\overline{)362}$

③ $7\overline{)487}$

④ $3\overline{)271}$

⑤ $8\overline{)280}$

⑥ $5\overline{)149}$

⑦ $2\overline{)191}$

⑧ $6\overline{)475}$

⑨ $4\overline{)226}$

⑩ $8\overline{)674}$

⑪ $9\overline{)528}$

도전! 땅 짚고 헤엄치는 문장제

쉬운 문장제로 연산의 기본 개념을 익혀 봐요!

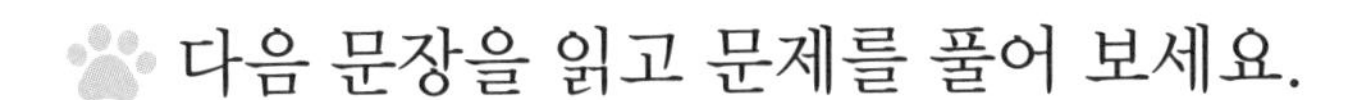
다음 문장을 읽고 문제를 풀어 보세요.

① 종이학 140마리를 5일 동안 똑같은 개수로 나누어 만들려면 하루에 몇 마리씩 만들어야 할까요?

____

② 구슬 354개를 6개의 병에 똑같이 나누어 담으려고 합니다. 한 병에 몇 개씩 담아야 할까요?

____

③ 끈 219 cm를 8 cm씩 자르면 몇 도막이 되고, 몇 cm가 남을까요?

________, ________

④ 사탕 263개를 7개의 봉지에 똑같이 나누어 담았습니다. 남은 사탕은 몇 개일까요?

____

⑤ 제과점에서 빵 323개를 한 봉지에 4개씩 담아 팔려면 몇 봉지까지 팔 수 있고, 빵은 몇 개가 남을까요?

________, ________

나누는 수와 나머지를 비교해 보자!

✪ 나누는 수가 한 자리 수인 나눗셈의 몫과 나머지

(두 자리 수)÷(한 자리 수)

		4
7	)3	0
	2	8
		2

(두 자리 수)÷(한 자리 수) 계산 방법을 알고 있으면 나누어지는 수가 아무리 커져도 풀 수 있어요!

→

(세 자리 수)÷(한 자리 수)

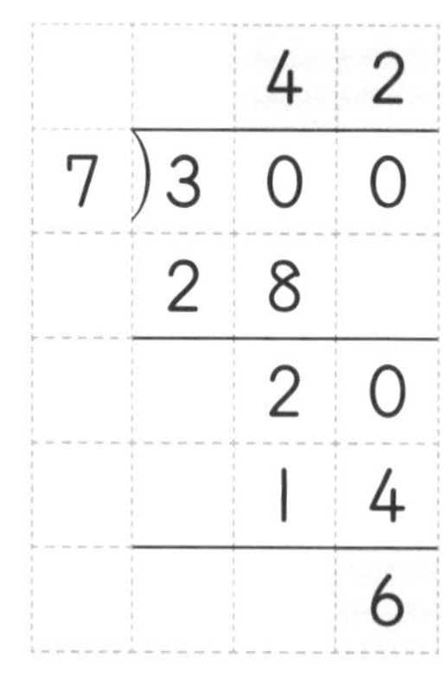

		4	2
7	)3	0	0
	2	8	
		2	0
		1	4
			6

→

(네 자리 수)÷(한 자리 수)

		4	2	8
7	)3	0	0	0
	2	8		
		2	0	
		1	4	
			6	0
			5	6
				4

✪ 나누는 수와 나머지의 크기 비교

나머지는 나누는 수보다 항상 작습니다.

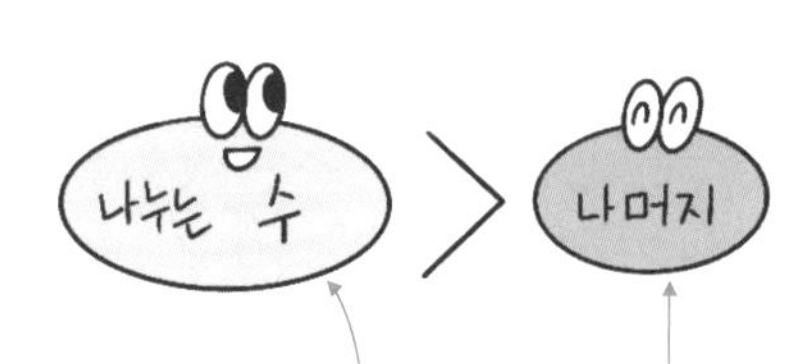

30 ÷ 5 = 6 ⋯ 0
31 ÷ 5 = 6 ⋯ 1
32 ÷ 5 = 6 ⋯ 2
33 ÷ 5 = 6 ⋯ 3
34 ÷ 5 = 6 ⋯ 4
35 ÷ 5 = 7 ⋯ 0

300 ÷ 5 = 60 ⋯ 0
301 ÷ 5 = 60 ⋯ 1
302 ÷ 5 = 60 ⋯ 2
303 ÷ 5 = 60 ⋯ 3
304 ÷ 5 = 60 ⋯ 4
305 ÷ 5 = 61 ⋯ 0

3000 ÷ 5 = 600 ⋯ 0
3001 ÷ 5 = 600 ⋯ 1
3002 ÷ 5 = 600 ⋯ 2
3003 ÷ 5 = 600 ⋯ 3
3004 ÷ 5 = 600 ⋯ 4
3005 ÷ 5 = 601 ⋯ 0

어떤 수를 5로 나누면 나머지는 0, [1] ☐, [2] ☐, [3] ☐, [4] ☐가 될 수 있습니다.

1. 1 2. 2 3. 3 4. 4

(세 자리 수)÷(한 자리 수)의 계산과 같은 방법으로 풀면 답을 구할 수 있어요.

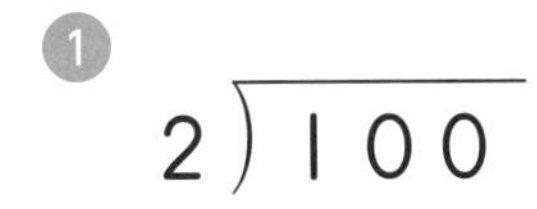

나눗셈을 하세요.

❶ $2\overline{)100}$

❷ $2\overline{)1000}$

❸ $4\overline{)200}$

❹ $5\overline{)200}$

❺ $5\overline{)2000}$

❻ $2\overline{)300}$

❼ $4\overline{)300}$

❽ $4\overline{)3000}$

❾ $2\overline{)400}$

❿ $8\overline{)400}$

⓫ $8\overline{)4000}$

300×4는 30×4의 곱에 0을 붙여 주면 되지만
300÷4는 30÷4의 몫에 0을 붙인다고 되지 않아요.
남은 수를 가지고 한 번 더 나누어야 해요.

나눗셈을 하세요.

① $2\overline{)500}$

② $8\overline{)500}$

③ $8\overline{)5000}$

④ $4\overline{)600}$

⑤ $8\overline{)600}$

⑥ $8\overline{)6000}$

⑦ $5\overline{)700}$

⑧ $8\overline{)700}$

⑨ $8\overline{)7000}$

⑩ $5\overline{)800}$

⑪ $9\overline{)800}$

⑫ $9\overline{)8000}$

(네 자리 수)÷(한 자리 수)도 생각보다 어렵지 않죠?

나눗셈을 하세요.

① $3\overline{)123}$

② $2\overline{)123}$

③ $2\overline{)1234}$

④ $3\overline{)234}$

⑤ $5\overline{)234}$

⑥ $5\overline{)2345}$

⑦ $3\overline{)345}$

⑧ $6\overline{)345}$

⑨ $6\overline{)3456}$

⑩ $9\overline{)456}$

⑪ $9\overline{)4567}$

도전! 생각이 자라는 사고력 문제

쉬운 응용 문제로 기초 사고력을 키워 봐요!

몫이 가장 큰 나눗셈에 ○표 하세요.

❶ $600 \div 5$ $650 \div 5$ $700 \div 5$ $800 \div 5$

나누는 수가 같으니까 나누어지는 수가 가장 큰 것을 찾으면 돼요.

❷ $1000 \div 4$ $100 \div 4$ $2000 \div 4$ $200 \div 4$

❸ $3000 \div 5$ $300 \div 5$ $300 \div 6$ $3000 \div 6$

계산을 다 하지 않고도 나누는 수와 나누어지는 수를 보면 쉽게 찾을 수 있어요~.

❹ $200 \div 4$ $2000 \div 4$ $150 \div 6$ $1500 \div 6$

❺ $200 \div 8$ $2000 \div 8$ $200 \div 5$ $2000 \div 5$

❻ $500 \div 4$ $5000 \div 4$ $6240 \div 4$ $624 \div 4$

12 실수 없게! (세 자리 수)÷(한 자리 수) 집중 연습

(세 자리 수)÷(한 자리 수)의 실수하기 쉬운 유형

실수 1 몫의 자리를 잘못 쓴 경우

✕ $4\overline{)136}$, 몫 34 (잘못된 자리에 씀) → ◎ $4\overline{)136}$, 몫 34

몫의 자리를 잘못 썼습니다.
몫의 [1] ☐의 자리와 일의 자리에 써야 합니다.

실수 2 나누어지는 수의 십의 자리가 0인 경우

✕ $3\overline{)606}$, 몫 22 (→ 202) → ◎ $3\overline{)606}$, 몫 202

십의 자리 계산이 0÷3=0이므로 몫의 십의 자리에 0을 써 준 다음 일의 자리의 몫을 구해야 합니다.

실수 3 나머지가 나누는 수보다 큰 경우

✕
```
   151
5)764
  5
  26
  25
   14
    5
    9   (5<)
```
→ ◎
```
   152
5)764
  5
  26
  25
   14
   10
    4
```

나머지 9가 나누는 수 5보다 크므로 몫을 잘못 구했습니다.
[2] ☐는 나누는 수보다 작아야 합니다.

실수 유형을 모아
한 번 짚고 가면
실수가 확 줄 거예요!

확인

1. 십 2. 나머지

$$\begin{array}{r} 6 \\ 4\overline{)252} \\ 24 \\ \hline 12 \end{array}$$

십의 자리 몫을 구하고 남은 수는 내려써서 다음 자리의 수와 함께 나누어 주는 것을 잊지 마세요!

나눗셈을 하세요.

① $3\overline{)190}$

② $4\overline{)945}$

③ $6\overline{)208}$

④ $8\overline{)974}$

⑤ $2\overline{)519}$

⑥ $5\overline{)863}$

⑦ $7\overline{)426}$

⑧ $6\overline{)761}$

⑨ $9\overline{)692}$

⑩ $3\overline{)735}$

⑪ $8\overline{)588}$

⑫ $7\overline{)947}$

답이 맞는지 확인하는 방법은 나머지가 없으면 (나누는 수)×(몫)=(나누어지는 수),
나머지가 있으면 (나누는 수)×(몫)에 나머지를 더하면 나누어지는 수예요.

나눗셈을 하세요.

① $4\overline{)653}$

② $7\overline{)861}$

③ $9\overline{)475}$

④ $2\overline{)719}$

⑤ $5\overline{)194}$

⑥ $8\overline{)276}$

⑦ $3\overline{)868}$

⑧ $5\overline{)412}$

⑨ $7\overline{)916}$

⑩ $8\overline{)444}$

⑪ $6\overline{)774}$

⑫ $9\overline{)555}$

나눗셈을 하세요.

① $3\overline{)500}$

② $6\overline{)200}$

③ $9\overline{)300}$

④ $7\overline{)400}$

⑤ $5\overline{)888}$

⑥ $9\overline{)600}$

⑦ $4\overline{)700}$

⑧ $7\overline{)333}$

⑨ $8\overline{)900}$

⑩ $6\overline{)856}$

⑪ $9\overline{)987}$

숫자 카드를 한 번씩만 사용하여 몫이 가장 큰 (세 자리 수)÷(한 자리 수)를 만들고 계산하세요.

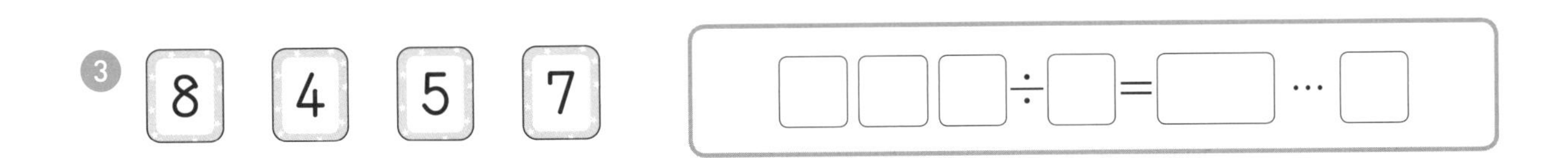

숫자 카드를 한 번씩만 사용하여 몫이 가장 작은 (세 자리 수)÷(한 자리 수)를 만들고 계산하세요.

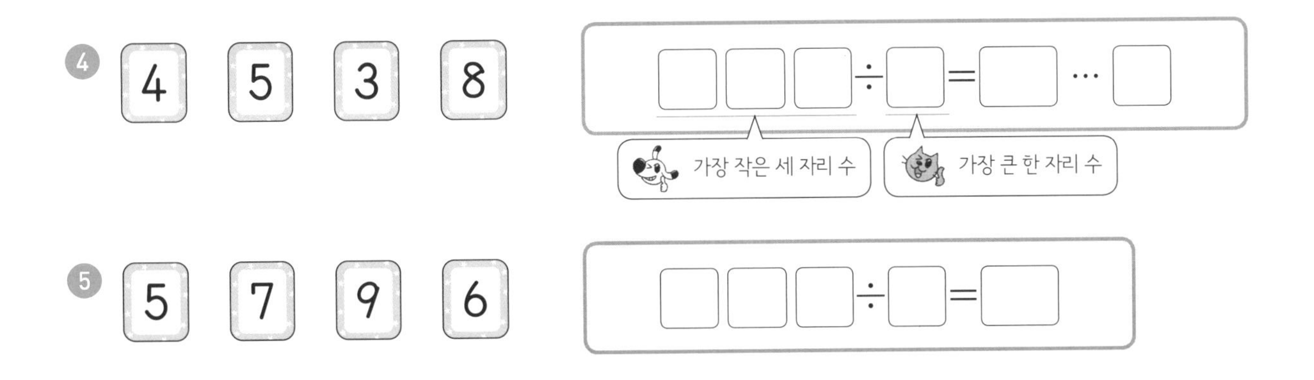

⑥ 8 4 5 7

☐☐☐ ÷ ☐ = ☐ … ☐

(세 자리 수)÷(한 자리 수) 종합 문제

나눗셈을 하세요.

① $2\overline{)391}$

② $3\overline{)573}$

③ $5\overline{)835}$

④ $4\overline{)154}$

⑤ $3\overline{)231}$

⑥ $2\overline{)147}$

⑦ $4\overline{)736}$

⑧ $8\overline{)728}$

⑨ $7\overline{)893}$

⑩ $5\overline{)492}$

⑪ $6\overline{)396}$

⑫ $9\overline{)938}$

다 풀고 시간이 남으면 몫과 나머지를
바르게 구했는지 확인하고 넘어가요.

나눗셈을 하세요.

① $2\overline{)514}$

② $3\overline{)823}$

③ $4\overline{)272}$

④ $5\overline{)759}$

⑤ $6\overline{)856}$

⑥ $7\overline{)917}$

⑦ $3\overline{)174}$

⑧ $5\overline{)325}$

⑨ $8\overline{)526}$

⑩ $6\overline{)413}$

⑪ $4\overline{)922}$

⑫ $9\overline{)637}$

나눗셈을 하세요.

① $2\overline{)753}$

② $5\overline{)723}$

③ $6\overline{)936}$

④ $4\overline{)613}$

⑤ $3\overline{)402}$

⑥ $4\overline{)646}$

⑦ $9\overline{)273}$

⑧ $3\overline{)192}$

⑨ $5\overline{)380}$

⑩ $6\overline{)498}$

⑪ $7\overline{)535}$

⑫ $8\overline{)736}$

로켓에 적힌 나눗셈의 나머지를 구하면 도착하는 행성을 찾을 수 있습니다.
로켓이 도착할 행성을 찾아 선으로 이어 보세요.

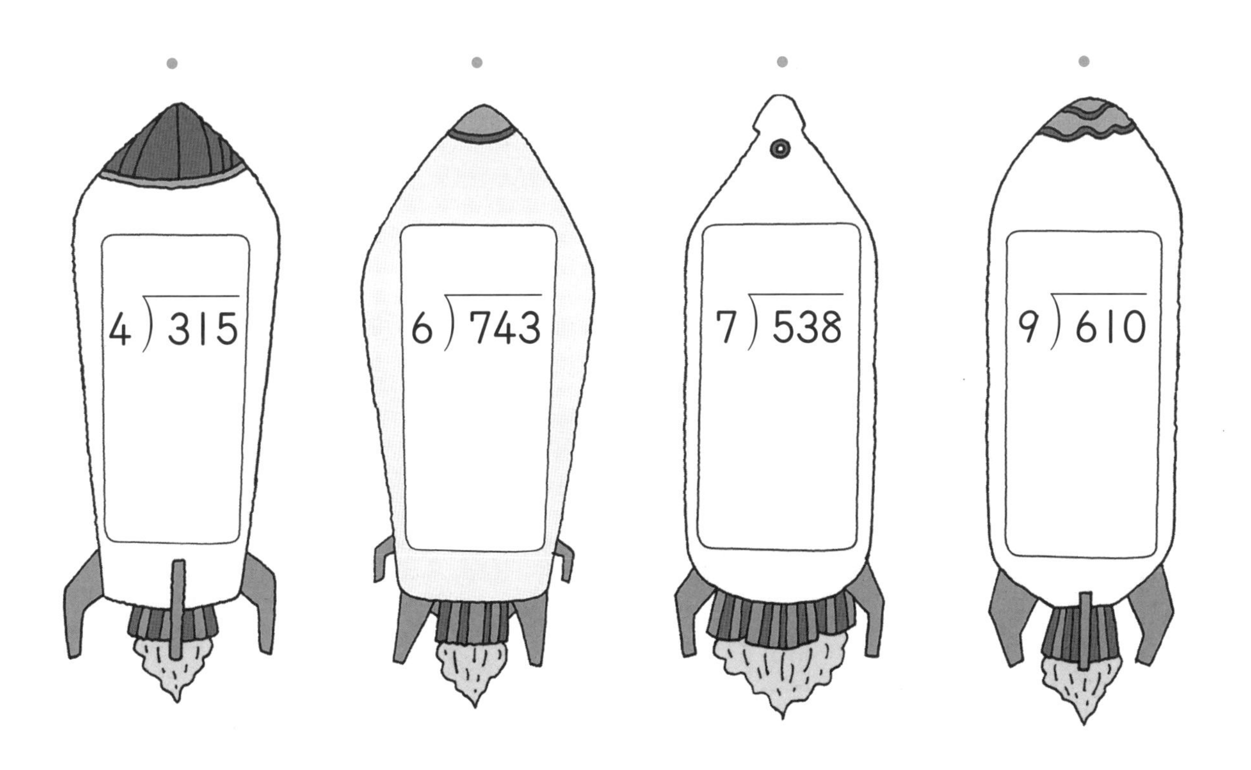

각 낚싯줄로 나머지가 같은 물고기를 잡으려고 합니다. 낚싯줄과 물고기를 알맞게 이어 보세요.

넷째 마당

(두 자리 수)÷(두 자리 수)

(두 자리 수)÷(두 자리 수)는 4학년 때 배우는 내용이에요. 4학년 때부터 수학이 어려워진다는 얘기를 들었죠? 나눗셈이 갑자기 어려워지는 것도 바로 이 두 자리 수로 나눌 때부터예요. 하지만 수를 단순하게 바꾸어 어림하는 감각을 키우면 잘 풀 수 있으니, 집중해서 연습해 보세요.

공부할 내용!	완료	10일 진도	20일 진도
14 나머지는 나누는 수보다 항상 작아!	☐	6일차	10일차
15 곱셈식을 이용해서 몫을 어림하자!	☐		11일차
16 몫을 잘못 구했을 때는 이렇게 해 봐!	☐		12일차
17 실수 없게! (두 자리 수)÷(두 자리 수) 집중 연습	☐	7일차	13일차
18 (두 자리 수)÷(두 자리 수) 종합 문제	☐		14일차

나머지는 나누는 수보다 항상 작아!

✪ 나머지가 있는 (몇십)÷(몇십)

(몇십)÷(몇십)의 몫은 (몇)÷(몇)의 몫과 같지만 나누어지는 수와 나누는 수가 10배 커졌으므로 나머지는 [1] ☐ 배로 커집니다.

(몇)÷(몇)

$$4\overline{)9} = 2 \cdots 1,\quad 8,\ 1$$

→

(몇십)÷(몇십)

$$40\overline{)90} = 2 \cdots 10,\quad 80,\ 10$$

나머지가 10배로 커져요.

4의 단 곱셈구구를 이용하면 쉬워요. $40\times2=80$

✪ 나머지가 있는 (두 자리 수)÷(몇십)

[2] ☐ 는 나누는 수보다 항상 작아야 하는 것에 주의하며 계산합니다.

13 < 20

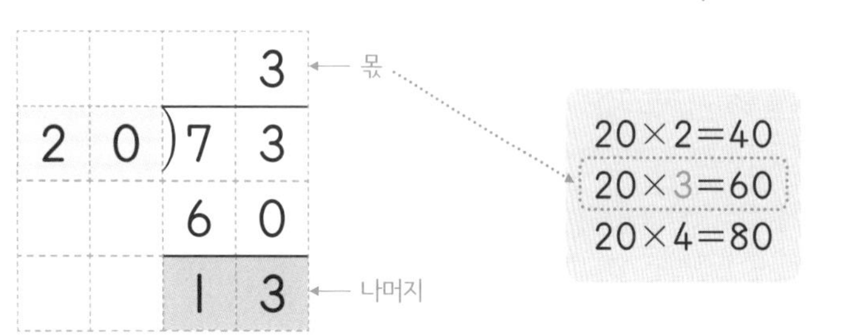

바빠 꿀팁!

- **몫의 위치는 오른쪽 끝에 맞춰요!**

  몫은 정확한 위치에 써야 해요. 오른쪽 끝에 맞추어 쓰도록 주의하세요.

  $30\overline{)62}$ — 조심! 여기에 쓰면 안 돼요.

- **어림을 쉽게 하는 비법!**

  두 자리 수의 일의 자리 수를 손으로 가려서 몇십으로 생각할 수 있어요.

  $30\overline{)62}$ ➡ $30\overline{)6}$

  60÷30은 2니까 쉽게 어림할 수 있지요?

1. 10 2. 나머지

(몇십)÷(몇십)의 몫은 (몇)÷(몇)의 몫과 같아요.
단, 나머지는 달라지니 주의해야 해요.

$5 \div 2 = 2 \cdots 1$ ➡ $50 \div 20 = 2 \cdots 10$

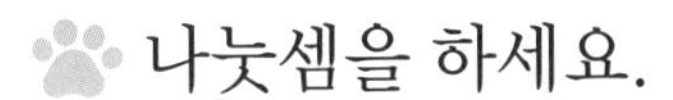

1
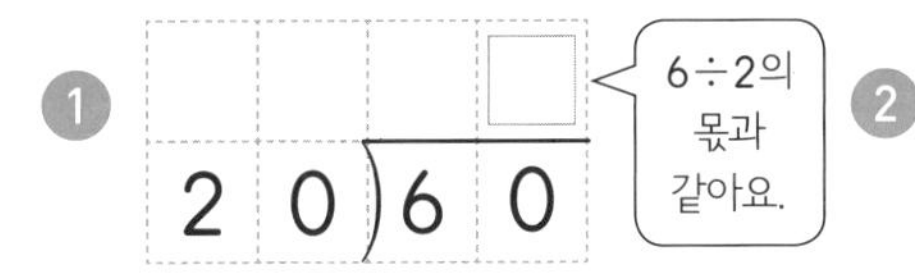

2
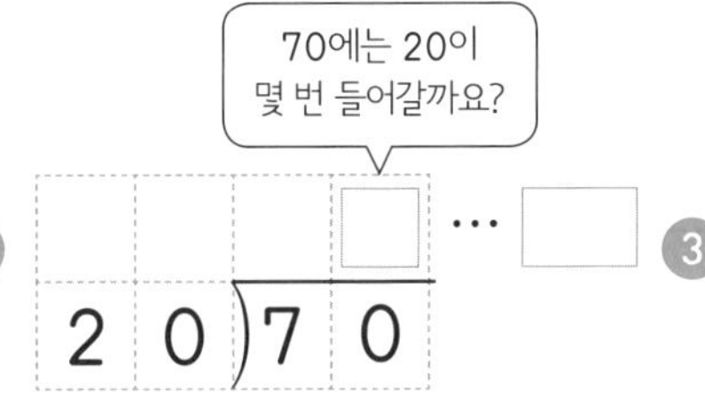

3
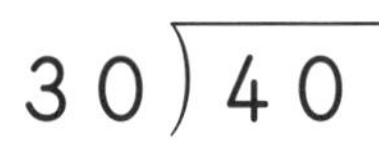

4 $30\overline{)80}$

5 $20\overline{)50}$

6 $20\overline{)80}$

7 $40\overline{)70}$

8 $20\overline{)90}$

9 $30\overline{)90}$

10 $50\overline{)70}$

11 $60\overline{)90}$

몫이 한 자리 수이니까 아래 계산 과정을 쓰지 말고 암산으로 해결해 봐요.

나눗셈을 하세요.

① $20\overline{)36}$ □ … □

② $30\overline{)45}$

③ $20\overline{)52}$

④ $40\overline{)58}$

⑤ $20\overline{)94}$

⑥ $30\overline{)76}$

⑦ $40\overline{)95}$

⑧ $30\overline{)83}$

⑨ $40\overline{)71}$

⑩ $50\overline{)63}$

⑪ $60\overline{)79}$

⑫ $70\overline{)97}$

몇십으로 나누는 나눗셈은 쉬울 거예요. 쉬울수록 속도를 내서
빨리 풀 수 있는 실력을 기르는 것이 이 단계의 목표예요.

나눗셈을 하세요.

① $20\overline{)43}$

② $60\overline{)92}$

③ $30\overline{)68}$

④ $40\overline{)86}$

⑤ $20\overline{)65}$

⑥ $30\overline{)77}$

⑦ $20\overline{)82}$

⑧ $50\overline{)96}$

⑨ $40\overline{)99}$

⑩ $30\overline{)94}$

⑪ $20\overline{)93}$

도전! 땅 짚고 헤엄치는 문장제

쉬운 문장제로 연산의 기본 개념을 익혀 봐요!

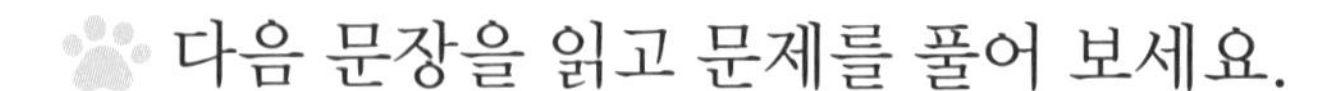

다음 문장을 읽고 문제를 풀어 보세요.

① 우표 90장을 앨범 한 쪽에 30장씩 붙이려면 모두 몇 쪽에 붙일 수 있을까요?

____

② 장미 85송이를 꽃병 한 개에 20송이씩 꽂았습니다. 남은 꽃은 몇 송이일까요?

____

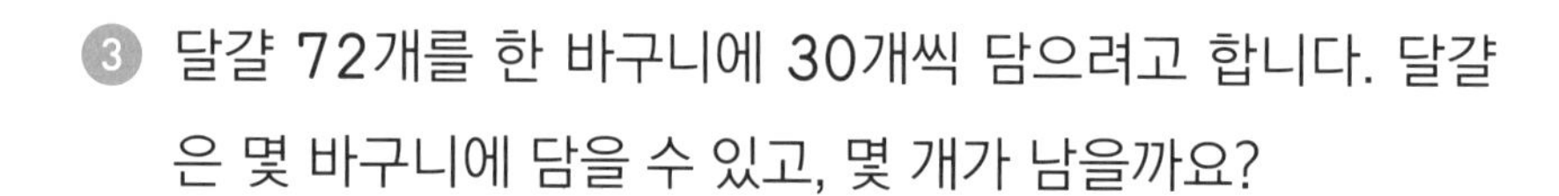

③ 달걀 72개를 한 바구니에 30개씩 담으려고 합니다. 달걀은 몇 바구니에 담을 수 있고, 몇 개가 남을까요?

____________, ____________

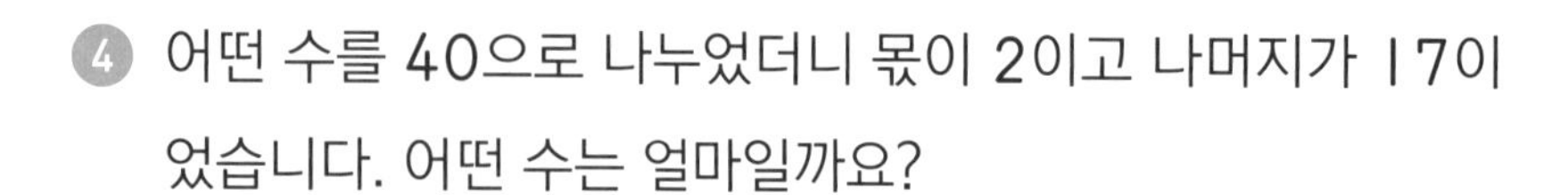

④ 어떤 수를 40으로 나누었더니 몫이 2이고 나머지가 17이었습니다. 어떤 수는 얼마일까요?

____

⑤ 학생 93명이 버스를 타고 현장 학습을 가려고 합니다. 한 대에 20명씩 탈 수 있다면 버스는 적어도 몇 대가 필요할까요?

____

④ (나누는 수)×(몫)에 나머지를 더하면 나누어지는 수(어떤 수)예요.

⑤ 93÷20의 몫을 구하고 나머지가 생기죠? 남은 학생도 버스에 타야 하니까 몫에 1을 더해 주는 것을 잊지 말아요!

15 곱셈식을 이용해서 몫을 어림하자!

✪ 두 자리 수끼리 나누기

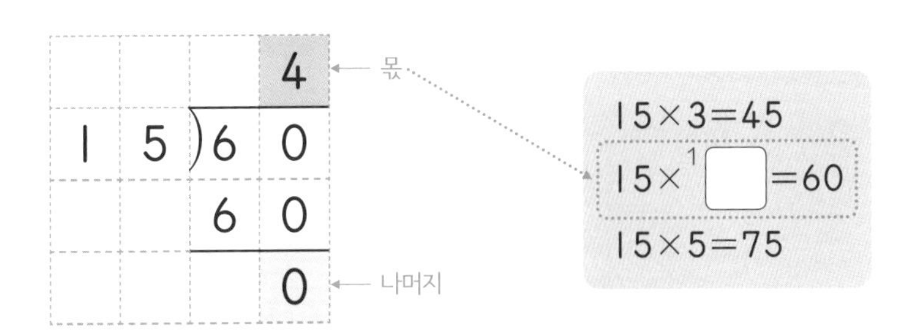

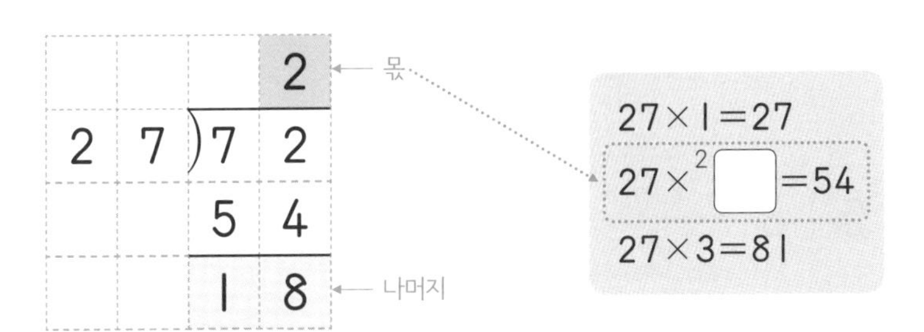

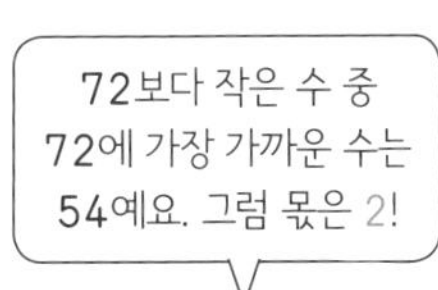

바빠 꿀팁!

- 몫을 잘못 구했을 땐 몫을 1 크게 하거나 1 작게 해 봐요!

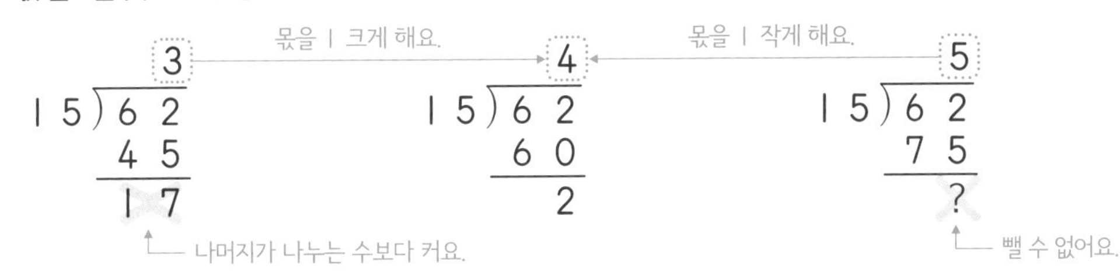

- 어림을 쉽게 하는 비법!

가까운 수로 바꾸어 단순하게 만들어 봐요. 어림하기 쉬워지죠?

1.4 2.2

어림한 몫이 실제 몫과 달라질 수도 있어요.
이럴 때는 몫을 1 크게 또는 1 작게 수정하면서 실제 몫을 구하는 연습을 해 봐요.

나눗셈을 하세요.

① $11\overline{)32}$

② $12\overline{)54}$

③ $13\overline{)71}$

④ $14\overline{)63}$

⑤ $15\overline{)87}$

⑥ $16\overline{)93}$

⑦ $17\overline{)52}$

⑧ $18\overline{)72}$

⑨ $19\overline{)67}$

⑩ $21\overline{)86}$

⑪ $22\overline{)78}$

⑫ $23\overline{)92}$

나누는 수가 두 자리 수가 되면 몫을 구하는 게 갑자기 어려워져요!
몫을 어림해 보고 틀리면 다시 몫을 구해야 해요.
처음에는 어림을 여러 번 한다는 마음으로 도전해 봐요.

나눗셈을 하세요.

① $24\overline{)70}$

② $25\overline{)85}$

③ $26\overline{)88}$

④ $27\overline{)56}$

⑤ $28\overline{)87}$

⑥ $29\overline{)58}$

⑦ $34\overline{)80}$

⑧ $13\overline{)52}$

⑨ $17\overline{)75}$

⑩ $19\overline{)88}$

⑪ $23\overline{)99}$

⑫ $46\overline{)94}$

(나누는 수)×(몫)에 나머지를 더하면 나누어지는 수가 되는지 확인해 봐요.

나눗셈을 하세요.

① $16\overline{)69}$

② $17\overline{)86}$

③ $18\overline{)77}$

④ $19\overline{)95}$

⑤ $24\overline{)98}$

⑥ $26\overline{)92}$

⑦ $27\overline{)83}$

⑧ $28\overline{)76}$

⑨ $29\overline{)97}$

⑩ $37\overline{)84}$

⑪ $43\overline{)92}$

도전! 생각이 자라는 **사고력 문제**

쉬운 응용 문제로 기초 사고력을 키워 봐요!

표를 이용하여 나눗셈을 하고 계산이 맞는지 확인하세요.

❶ ×13

1	2	3	4	5
13	26	39	52	65

$70 \div 13 = \square \cdots \square$　　확인 ________, ________

❷ ×16

1	2	3	4	5
16	32	48	64	80

$51 \div 16 = \square \cdots \square$　　확인 ________, ________

❸ ×17

1	2	3	4	5
17	34	51	68	85

$80 \div 17 = \square \cdots \square$　　확인 ________, ________

❹ ×18

1	2	3	4	5
18	36	54	72	90

$94 \div 18 = \square \cdots \square$　　확인 ________, ________

몫을 잘못 구했을 때는 이렇게 해 봐!

어림하여 (두 자리 수)÷(두 자리 수) 몫 구하기

• 실제보다 몫을 작게 구한 경우

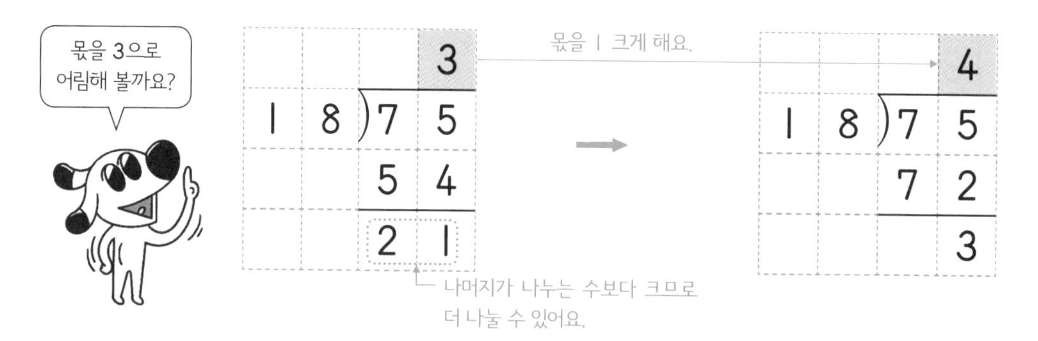

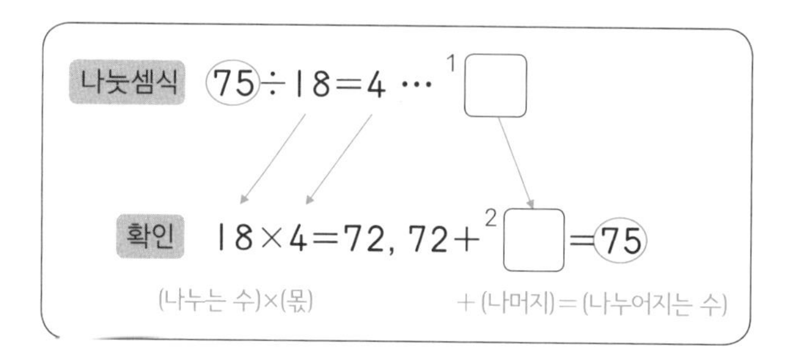

• 실제보다 몫을 크게 구한 경우

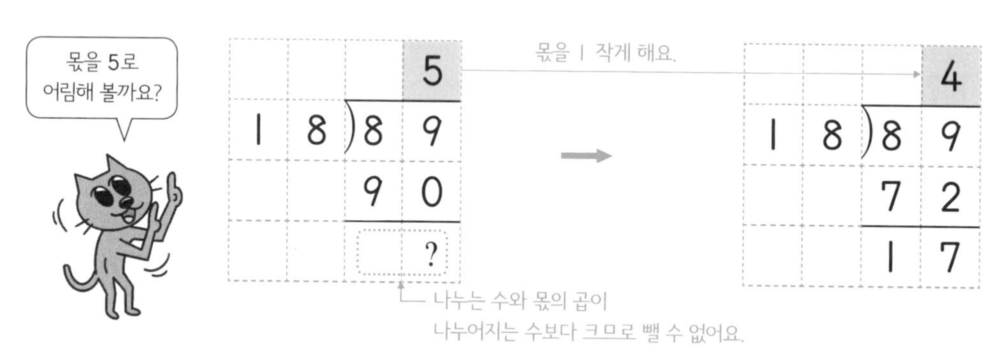

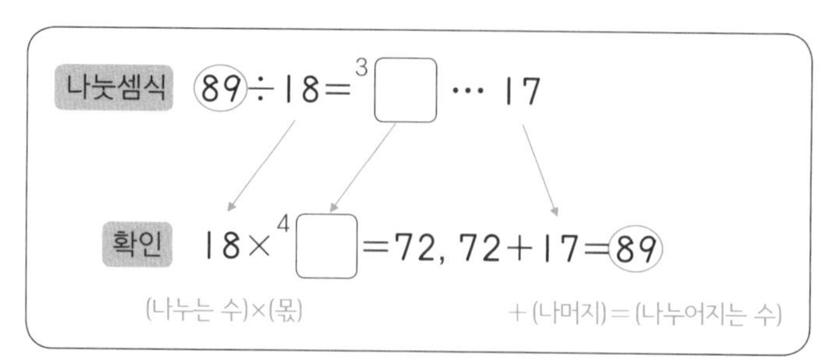

1. 3 2. 3 3. 4 4. 4

나눗셈을 한 다음 몫과 나머지가 맞는지 확인해 보는 습관을 가져 봐요.
잘못 구한 몫과 나머지를 확인할 수 있어서 실수를 줄이게 돼요.

나눗셈을 하세요.

1 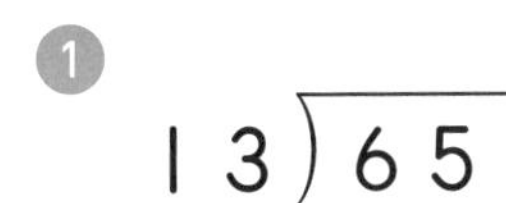 $13\overline{)65}$

2 $14\overline{)69}$

3 $15\overline{)85}$

4 $17\overline{)78}$

5 $18\overline{)74}$

6 $12\overline{)71}$

7 $20\overline{)75}$

8 $24\overline{)79}$

9 $27\overline{)82}$

10 $36\overline{)98}$

11 $48\overline{)97}$

확인 ______________, ______________

확인 ______________, ______________

확인 ______________, ______________

나눗셈을 잘한다는 건 곱셈을 잘한다는 의미예요.
곱셈이 약하다면 지금이라도 잘 안 되는 곱셈구구를 큰 소리로 외우고 넘어가요.

나눗셈을 하세요.

① $11\overline{)45}$

② $21\overline{)72}$

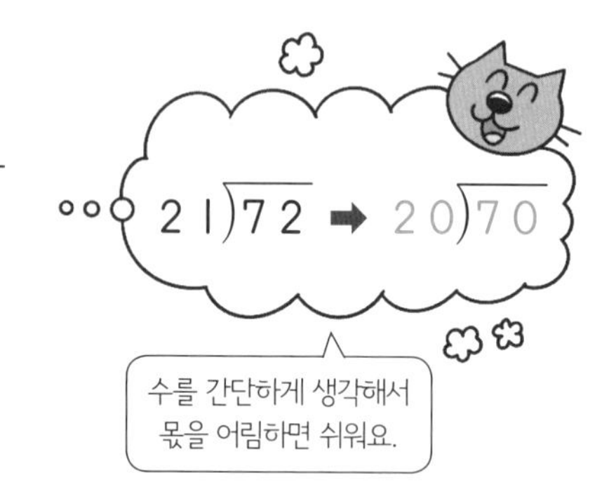

③ $12\overline{)53}$

④ $22\overline{)89}$

⑤ $23\overline{)92}$

⑥ $14\overline{)57}$

⑦ $15\overline{)45}$

⑧ $16\overline{)66}$

⑨ $24\overline{)74}$

⑩ $25\overline{)80}$

⑪ $26\overline{)88}$

확인 ________________, ________________

확인 ________________, ________________

확인 ________________, ________________

나눗셈을 하세요.

① $17\overline{)74}$

② $18\overline{)86}$

③ $19\overline{)69}$

④ $27\overline{)84}$

⑤ $28\overline{)96}$

⑥ $29\overline{)79}$

⑦ $16\overline{)60}$

⑧ $17\overline{)80}$

⑨ $18\overline{)90}$

⑩ $19\overline{)87}$

⑪ $39\overline{)92}$

⑫ $47\overline{)99}$

확인 ____________, ____________

확인 ____________, ____________

확인 ____________, ____________

도전! 땅 짚고 헤엄치는 문장제

쉬운 문장제로 연산의 기본 개념을 익혀 봐요!

다음 문장을 읽고 문제를 풀어 보세요.

❶ 딸기 65개를 하루에 13개씩 나누어 먹으려고 합니다. 며칠 동안 먹을 수 있을까요?

____

❷ 쌀 92 kg을 한 포대에 20 kg씩 나누어 담으려고 합니다. 쌀은 몇 포대가 되고, 몇 kg이 남을까요?

__________, __________

❸ 책 88권을 책꽂이 한 칸에 14권씩 나누어 꽂았습니다. 남은 책은 몇 권일까요?

____

남은 책의 수는 나머지를 물어보는 거예요.

❹ 길이가 76 m인 노끈을 15 m씩 자르면 몇 도막이 되고, 몇 m가 남을까요?

__________, __________

❺ 도넛 80개를 한 상자에 12개씩 담아 포장하여 팔려고 합니다. 몇 상자까지 팔 수 있을까요?

____

팔 수 있는 상자의 수는 몫을 물어보는 거예요.

속닥속닥

❺ 한 상자를 가득 채워야 팔 수 있으므로 12개씩 포장하고 남은 도넛은 팔 수 없어요.

17 실수 없게! (두 자리 수)÷(두 자리 수) 집중 연습

(두 자리 수)÷(두 자리 수)의 실수하기 쉬운 유형

실수 1 몫의 자리를 잘못 쓴 경우

× (틀린 계산)

$$\begin{array}{r} 30 \\ 25\overline{)75} \\ \underline{75} \\ 0 \end{array}$$

3

→

○ (바른 계산)

$$\begin{array}{r} 3 \\ 25\overline{)75} \\ \underline{75} \\ 0 \end{array}$$

(두 자리 수)÷(두 자리 수)의 몫은 두 자리 수가 될 수 없습니다.
75÷25의 몫인 3은 일의 자리 위에 씁니다.

실수 2 나머지가 나누는 수보다 큰 경우

× (틀린 계산)

$$\begin{array}{r} 3 \\ 19\overline{)78} \\ \underline{57} \\ 21 \end{array}$$

19<

→

○ (바른 계산)

$$\begin{array}{r} 4 \\ 19\overline{)78} \\ \underline{76} \\ 2 \end{array}$$

나머지 21이 나누는 수 19보다 크므로 몫을 잘못 구했습니다.
나머지는 [1] ☐ 수보다 작아야 합니다.

실수 3 몫은 바르게 구했으나 뺄셈이 틀린 경우

× (틀린 계산)

$$\begin{array}{r} 3 \\ 24\overline{)86} \\ \underline{72} \\ 4 \end{array}$$

→

○ (바른 계산)

$$\begin{array}{r} 3 \\ 24\overline{)86} \\ \underline{72} \\ 14 \end{array}$$

나누는 수와 몫의 곱에 [2] ☐ 를 더하면 나누어지는 수가 되어야 합니다.

확인
24×3=72,
72+4=76 (×)

확인
24×3=72,
72+14=[3] ☐

계산이 맞는지 확인하는 방법이 있으니 나눗셈은 틀릴 일이 없겠죠?

1. 나누는 2. 나머지 3. 86

몫을 구하는 것도 중요하지만 나머지를 구하려면 뺄셈도 정확해야 해요.

나눗셈을 하세요.

① $11\overline{)50}$

② $12\overline{)70}$

③ $23\overline{)60}$

④ $34\overline{)80}$

⑤ $22\overline{)60}$

⑥ $33\overline{)90}$

⑦ $44\overline{)70}$

⑧ $55\overline{)80}$

⑨ $66\overline{)90}$

⑩ $13\overline{)66}$

⑪ $25\overline{)83}$

⑫ $14\overline{)98}$

몫이 한 자리 수이니까 몫은 오른쪽 끝에 맞춰 써야 해요.

나눗셈을 하세요.

① $13\overline{)91}$

② $23\overline{)75}$

③ $33\overline{)82}$

④ $16\overline{)43}$

⑤ $26\overline{)66}$

⑥ $36\overline{)87}$

⑦ $17\overline{)90}$

⑧ $27\overline{)90}$

⑨ $37\overline{)90}$

⑩ $19\overline{)77}$

⑪ $29\overline{)88}$

⑫ $39\overline{)99}$

시간이 걸리더라도 계산이 맞는지 확인하는 습관이 매우 중요해요.
(나누는 수)×(몫)에 나머지를 더하면 나누어지는 수가 되어야 해요.

나눗셈을 하세요.

① $12\overline{)54}$

② $19\overline{)65}$

③ $23\overline{)76}$

④ $14\overline{)67}$

⑤ $15\overline{)78}$

⑥ $25\overline{)89}$

⑦ $16\overline{)81}$

⑧ $17\overline{)59}$

⑨ $28\overline{)93}$

⑩ $18\overline{)94}$

⑪ $26\overline{)90}$

도전! 땅 짚고 헤엄치는 문장제

쉬운 문장제로 연산의 기본 개념을 익혀 봐요!

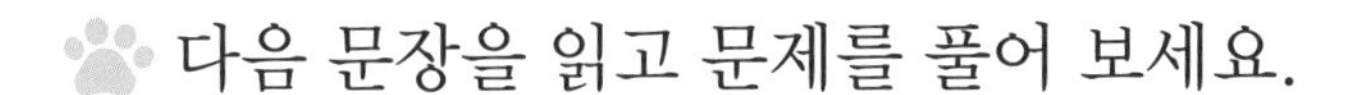

① 색종이 80장을 16명에게 똑같이 나누어 주면 몇 명까지 나누어 줄 수 있을까요?

____

② 79명의 선수를 11명씩 나누어 축구팀을 만들려고 합니다. 만들 수 있는 축구팀은 몇 팀이고, 몇 명이 남을까요?

__________, __________

③ 복숭아 68개를 한 상자에 14개씩 담으면 몇 상자가 되고, 몇 개가 남을까요?

__________, __________

④ 운동장에 있는 어린이를 한 줄에 17명씩 세웠더니 5줄이 되고 3명이 남았습니다. 운동장에 있는 어린이는 모두 몇 명일까요?

____

⑤ 95쪽짜리 동화책을 매일 15쪽씩 읽으려고 합니다. 15쪽씩 읽으면 적어도 며칠 안에 모두 읽을 수 있을까요?

____

④ 17명씩 5줄인 어린이 수에 남은 어린이 수를 더하면 운동장에 있는 어린이 수예요.

⑤ 모두 읽으려면 15쪽씩 읽고 남은 쪽수도 읽어야 하므로 몫에 1일을 더해 줘야 해요.

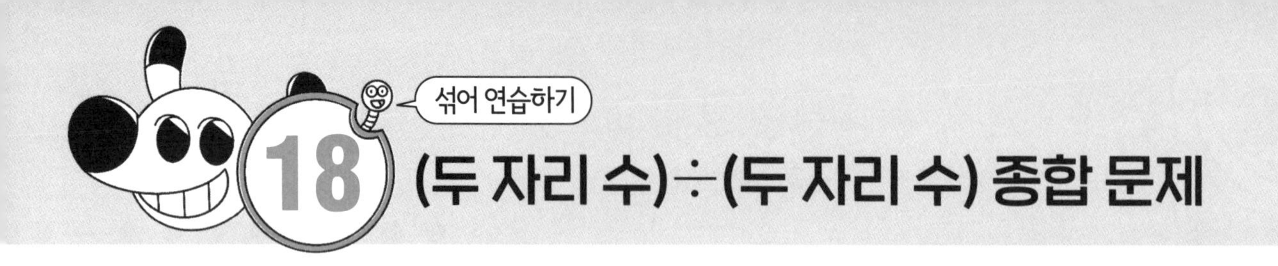

나눗셈을 하세요.

① $20\overline{)70}$

② $40\overline{)64}$

③ $25\overline{)69}$

④ $12\overline{)78}$

⑤ $15\overline{)91}$

⑥ $23\overline{)86}$

⑦ $35\overline{)73}$

⑧ $41\overline{)99}$

⑨ $28\overline{)76}$

⑩ $21\overline{)65}$

⑪ $17\overline{)86}$

⑫ $39\overline{)90}$

나눗셈을 잘하는 비결은
수를 단순하게 바꾸어 어림하기예요!

나눗셈을 하세요.

① $30\overline{)91}$

② $13\overline{)54}$

③ $43\overline{)87}$

④ $15\overline{)70}$

⑤ $26\overline{)62}$

⑥ $24\overline{)88}$

⑦ $16\overline{)85}$

⑧ $29\overline{)87}$

⑨ $34\overline{)76}$

⑩ $18\overline{)81}$

⑪ $42\overline{)94}$

⑫ $27\overline{)94}$

나눗셈을 하세요.

❶ $40\overline{)76}$

❷ $14\overline{)63}$

❸ $20\overline{)83}$

❹ $25\overline{)58}$

❺ $23\overline{)98}$

❻ $28\overline{)73}$

❼ $19\overline{)60}$

❽ $30\overline{)91}$

❾ $16\overline{)78}$

❿ $32\overline{)96}$

⓫ $47\overline{)98}$

⓬ $26\overline{)99}$

안의 수를 안의 수로 나누어 큰 원의 빈 곳에 몫을 써넣고, 나머지는 안에 써넣으세요.

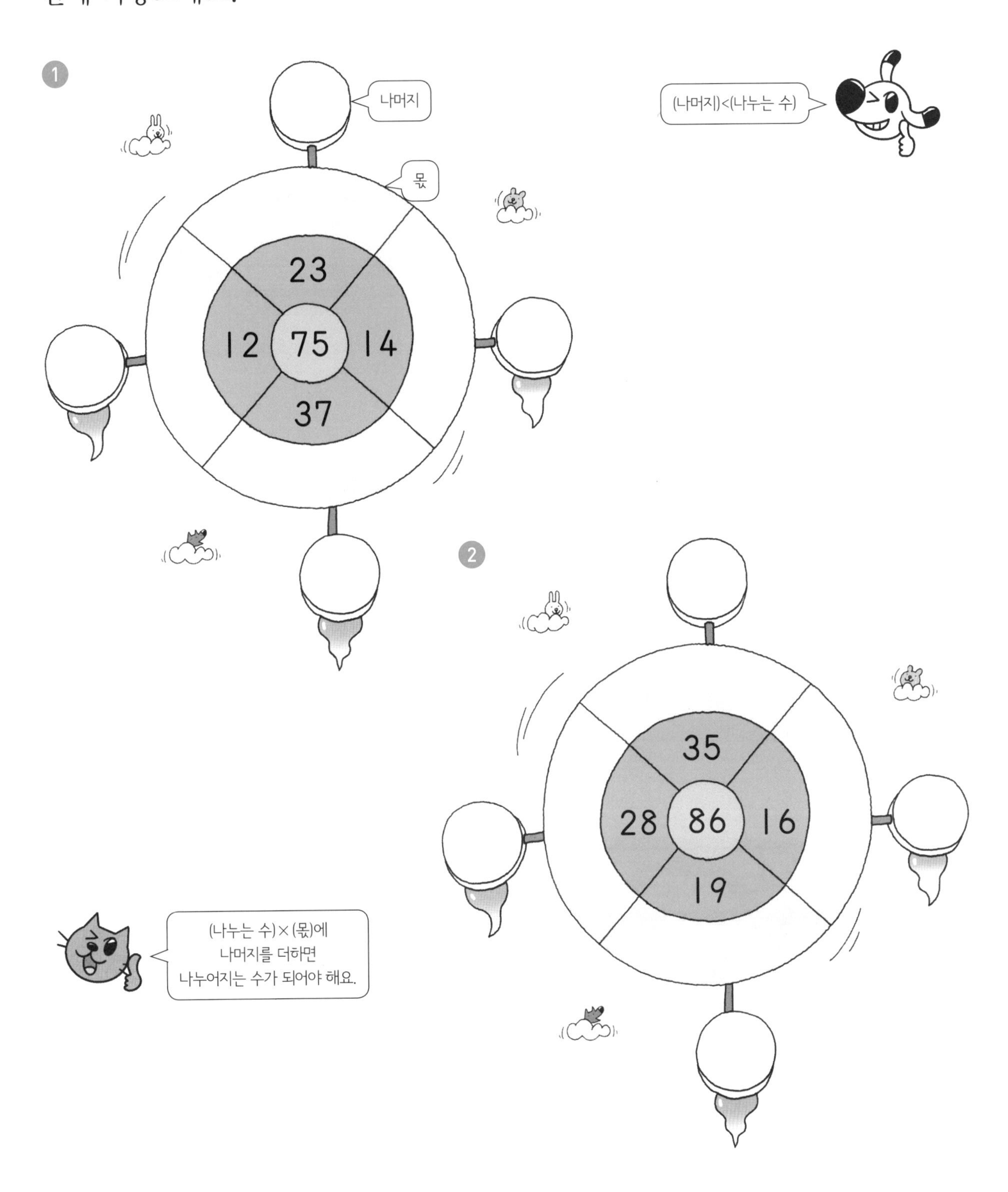

세 개의 문 중에서 나머지가 가장 큰 문을 열면 보물을 찾을 수 있습니다. 나눗셈을 하고 보물을 숨겨둔 문에 ◯표 하세요.

❶

❷

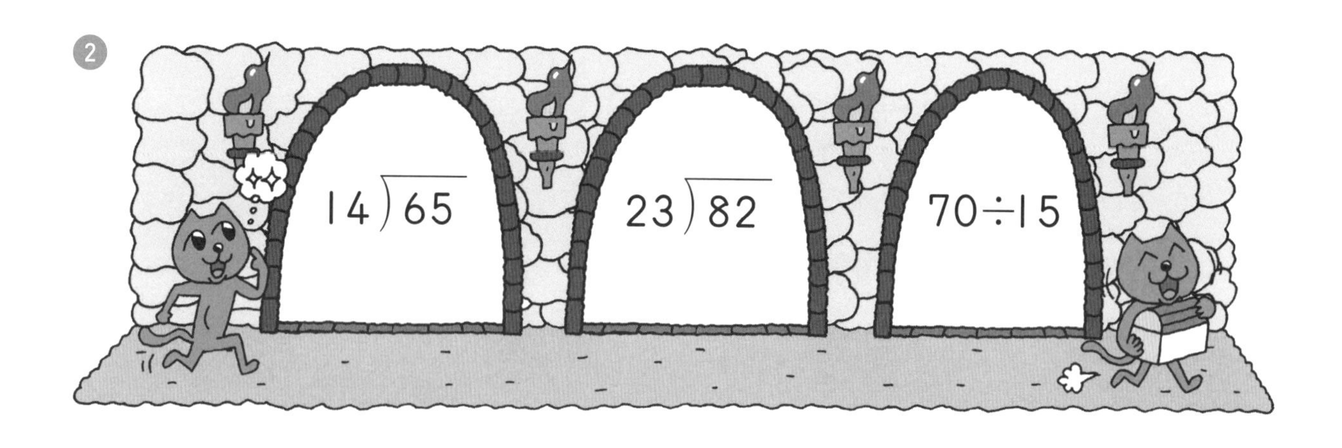

❸

다섯째 마당

(세 자리 수)÷(두 자리 수)

(세 자리 수)÷(두 자리 수)는 나눗셈 중에 가장 복잡한 계산이에요. 하지만 넷째 마당에서 나눗셈의 고비를 넘겼으니까 충분히 잘 해낼 수 있을 거예요. 이 마당은 암산으로 하지 않아도 돼요. 몫과 나머지를 구한 다음 바르게 계산했는지 확인하면서 정확하게 푸는 것이 중요해요.

공부할 내용!	완료	10일 진도	20일 진도
19 (세 자리 수)÷(몇십) 계산은 쉬워~	□	8일차	15일차
20 나누어질 때까지 몫을 오른쪽으로~ 오른쪽으로~	□		16일차
21 나누는 수에 따라 몫의 위치가 달라져	□		17일차
22 복잡해 보이지만 나눗셈을 두 번 한 것과 같아!	□	9일차	18일차
23 실수 없게! (세 자리 수)÷(두 자리 수) 집중 연습	□		19일차
24 (세 자리 수)÷(두 자리 수) 종합 문제	□	10일차	20일차

19 (세 자리 수)÷(몇십) 계산은 쉬워~

✪ 몫이 한 자리 수인 (몇백 몇십)÷(몇십)

(몇백 몇십)÷(몇십)의 몫은 (두 자리 수)÷(한 자리 수)의 몫과 같지만 나누어지는 수와 나누는 수가 10배 커졌으므로 나머지는 [1] ☐배로 커집니다.

(두 자리 수)÷(한 자리 수)　　　　(몇백 몇십)÷(몇십)

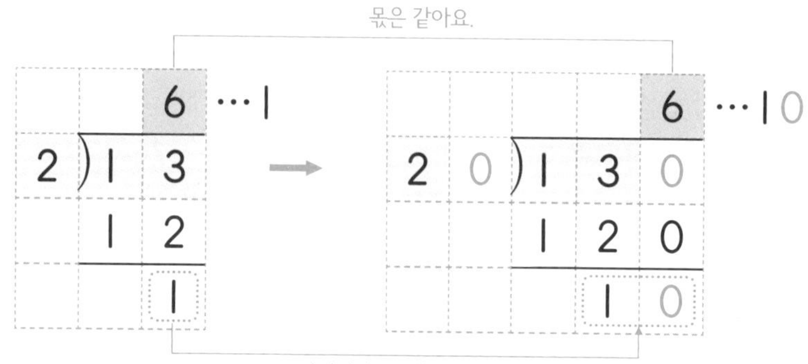

✪ 몫이 한 자리 수인 (세 자리 수)÷(몇십)

곱셈식을 이용하여 몫을 구합니다.

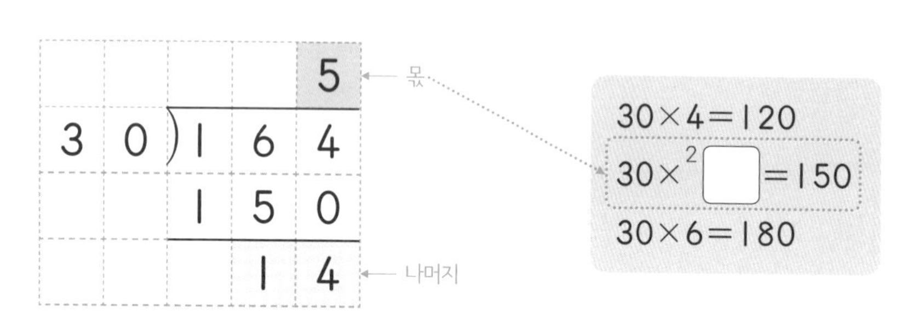

```
     6                  6
70)4 5 0   →   70)4 5 0
   4 2            4 2 0
   ─────          ─────
     3  ✕           3 0  ○
```

암산으로 (나누는 수)×(몫)에 나머지를 더하면 빠르게 실수를 바로 잡을 수 있어요.

70×6=420, 420+3=423(×)

➡ 나머지를 다시 확인해요!

70×6=420, 420+30=450(○)

1. 10 2. 5

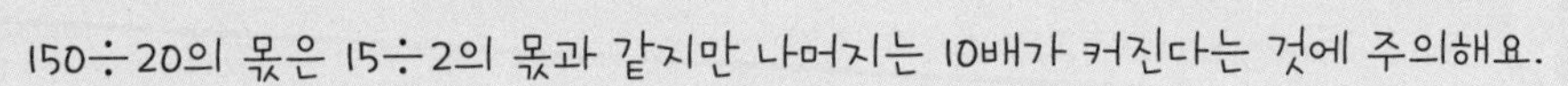

나눗셈을 하세요.

1 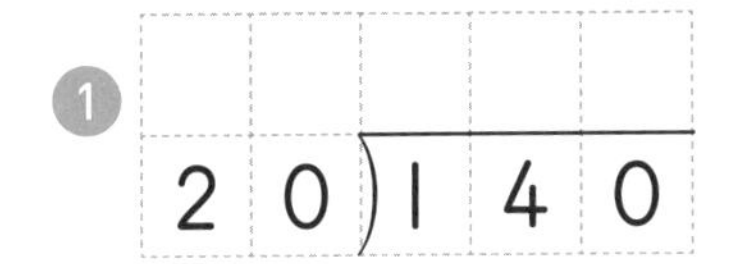
$20\overline{)140}$

2 $30\overline{)180}$

3 $40\overline{)250}$ … □

4 $50\overline{)320}$

5 $60\overline{)410}$

6 $80\overline{)650}$

7 $40\overline{)310}$

8 $30\overline{)250}$

9 $70\overline{)540}$

10 $50\overline{)400}$

11 $90\overline{)740}$

235÷60을 어림으로 풀어 보면 235는 180과 240 사이의 수예요.
60×3=180, 60×4=240이니까 몫은 3이 돼요.
한 번에 몫을 정확하게 찾는 것이 어렵다면 이런 방법을 써 봐요.

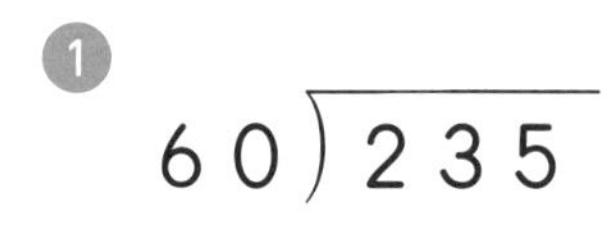

❶ $60\overline{)235}$

❷ $40\overline{)147}$

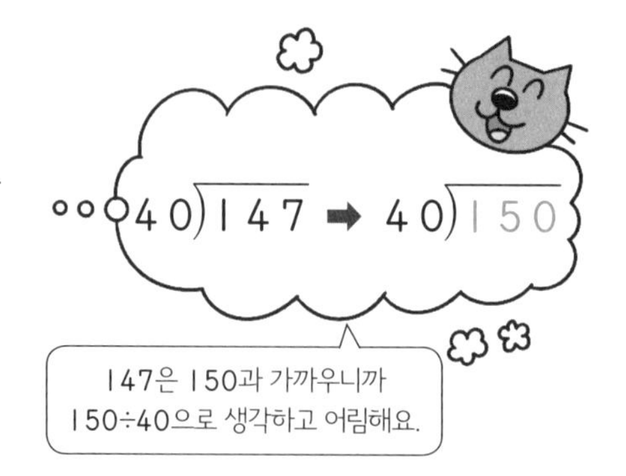

❸ $30\overline{)174}$

❹ $50\overline{)369}$

❺ $80\overline{)296}$

❻ $20\overline{)111}$

❼ $90\overline{)673}$

❽ $60\overline{)407}$

❾ $70\overline{)192}$

❿ $40\overline{)358}$

⓫ $80\overline{)528}$

나눗셈을 하세요.

① $30\overline{)216}$

② $60\overline{)281}$

③ $90\overline{)452}$

④ $20\overline{)155}$

⑤ $40\overline{)264}$

⑥ $80\overline{)429}$

⑦ $30\overline{)198}$

⑧ $50\overline{)275}$

⑨ $70\overline{)583}$

⑩ $60\overline{)534}$

⑪ $80\overline{)745}$

⑫ $90\overline{)324}$

도전! 생각이 자라는 사고력 문제

쉬운 응용 문제로 기초 사고력을 키워 봐요!

두 수의 곱이 ⬭ 안의 수보다 크지 않으면서 가장 가까운 수가 되도록 □ 안에 알맞은 수를 써넣으세요.

① 20 × □   (113)

② 30 × □   (142)

③ 30 × □   (238)

④ 40 × □   (271)

⑤ 40 × □   (350)

⑥ 50 × □   (185)

⑦ 50 × □   (443)

⑧ 60 × □   (317)

⑨ 60 × □   (254)

⑩ 70 × □   (456)

⑪ 70 × □   (612)

⑫ 80 × □   (583)

⑬ 80 × □   (736)

⑭ 90 × □   (395)

⑮ 90 × □   (800)

20 나누어질 때까지 몫을 오른쪽으로~ 오른쪽으로~

✩ 몫이 한 자리 수인 (세 자리 수)÷(두 자리 수)

❶ 먼저 몫의 자릿수를 확인합니다.

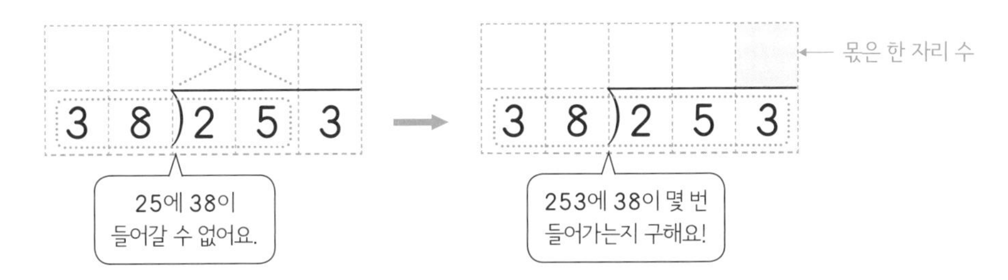

❷ 곱셈식을 이용하여 몫을 구합니다.

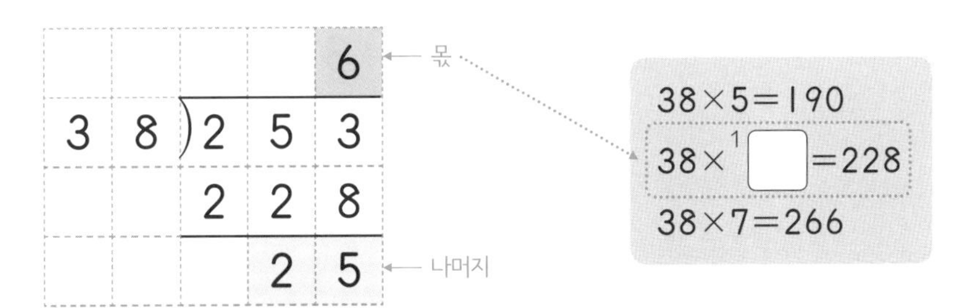

❸ 계산이 맞는지 확인합니다.

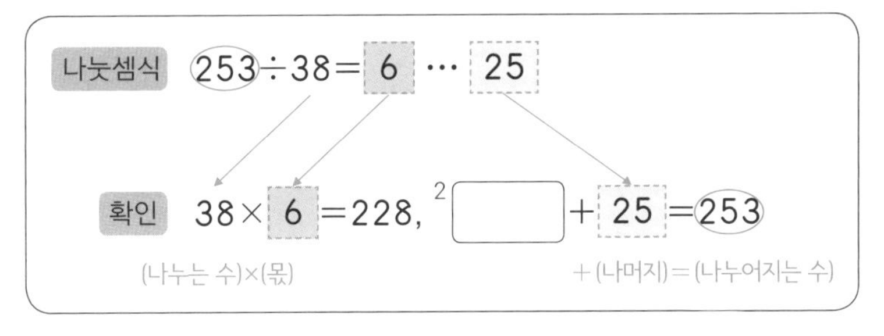

바빠 꿀팁!

• **몫의 위치는 오른쪽 끝에 맞춰요!**

몫은 정확한 위치에 써야 해요. 오른쪽 끝에 맞추어 쓰도록 주의하세요.

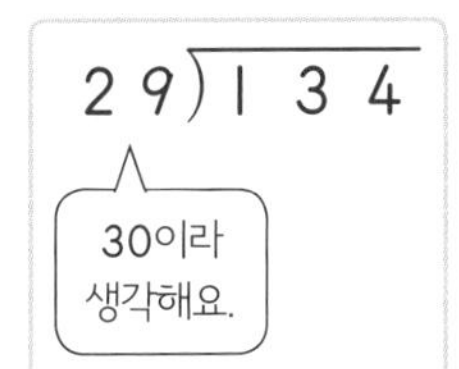

• **어림을 쉽게 하는 비법!**

29)134

30이라 생각해요.

29가 30과 가깝죠?
30×4=120이니까
몫이 4와 가깝다는 걸
알 수 있어요.
4부터 어림해 봐요!

1. 6 2. 228

137÷16에서 137은 140으로, 16은 20으로 어림한 다음 몫을 구해 봐요.
구한 몫이 실제 몫과 다르다면 다시 1 크게 또는 1 작게 해 보는 거예요.

나눗셈을 하세요.

① 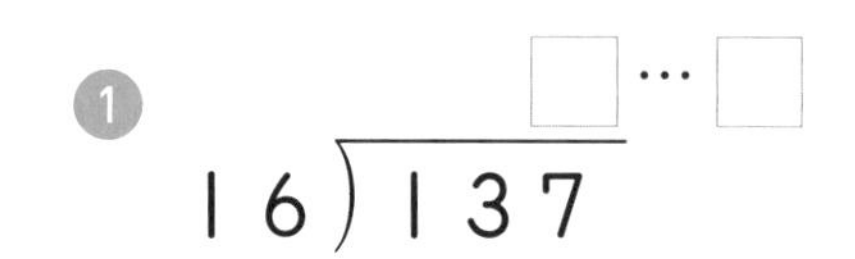

② 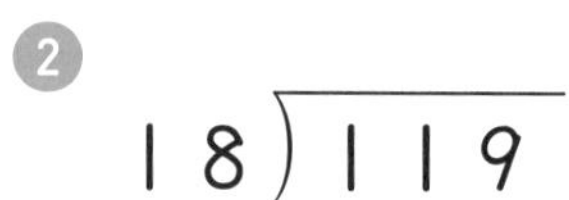

③ 23)154

④ 25)129

⑤ 37)348

⑥ 56)267

⑦ 68)612

⑧ 72)492

⑨ 42)296

⑩ 85)487

⑪ 93)334

확인 ______, ______

확인 ______, ______

확인 ______, ______

몫의 자릿수 생각하기

15)104 → 15)104

10에 15가 들어갈 수 없어요.

104에 15는 6번 들어가요. 몫은 한 자리 수예요.

나눗셈을 하세요.

① 15)104

② 24)168

③ 35)290

④ 39)334

⑤ 43)407

⑥ 51)232

⑦ 57)418

⑧ 64)312

⑨ 48)434

⑩ 29)209

⑪ 73)453

⑫ 86)536

확인 ________, ________

확인 ________, ________

확인 ________, ________

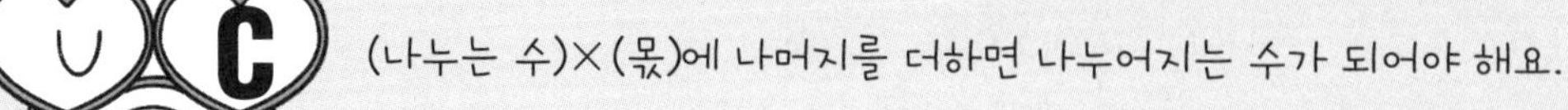

나눗셈을 하세요.

① $28\overline{)218}$

② $36\overline{)175}$

③ $48\overline{)417}$

④ $57\overline{)392}$

⑤ $66\overline{)286}$

⑥ $74\overline{)544}$

⑦ $46\overline{)322}$

⑧ $88\overline{)293}$

⑨ $95\overline{)613}$

⑩ $59\overline{)540}$

⑪ $67\overline{)586}$

⑫ $78\overline{)627}$

확인 ________________,
____

확인 ________________,
____

확인 ________________,
____

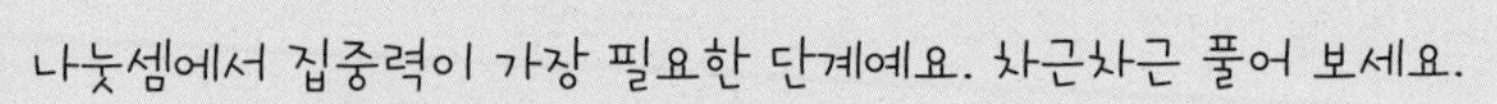

나눗셈을 하세요.

① $38\overline{)281}$

② $49\overline{)426}$

③ $55\overline{)197}$

④ $64\overline{)389}$

⑤ $77\overline{)375}$

⑥ $86\overline{)652}$

⑦ $98\overline{)528}$

⑧ $58\overline{)406}$

⑨ $45\overline{)194}$

⑩ $87\overline{)843}$

⑪ $69\overline{)431}$

확인 ______________, ______________

확인 ______________, ______________

도전! 생각이 자라는 사고력 문제

쉬운 응용 문제로 기초 사고력을 키워 봐요!

보기 와 같이 몫에 가깝게 어림할 수 있는 식을 찾아 ○표 하고 계산하세요.

보기

$325 \div 64$ | $360 \div 60$ | ($300 \div 60$) | $420 \div 60$

어림하기 $300 \div 60 = 5$

계산하기 $325 \div 64 = 5 \cdots 5$

❶ $557 \div 78$ | $640 \div 80$ | $480 \div 80$ | $560 \div 80$

어림하기

계산하기

❷ $442 \div 88$ | $360 \div 90$ | $450 \div 90$ | $480 \div 80$

어림하기

계산하기

❸ $742 \div 92$ | $630 \div 90$ | $720 \div 90$ | $720 \div 80$

어림하기

계산하기

21 나누는 수에 따라 몫의 위치가 달라져

몫이 두 자리 수인 (몇백 몇십)÷(몇십)

(두 자리 수)÷(한 자리 수)　　(몇백 몇십)÷(몇십)

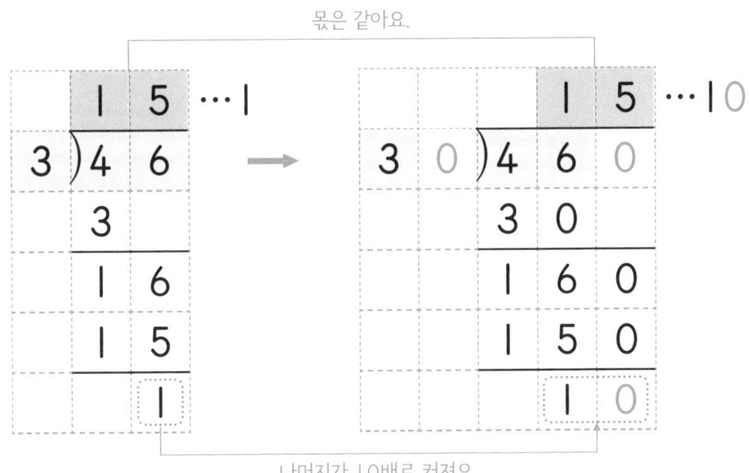

몫이 두 자리 수인 (세 자리 수)÷(몇십)

곱셈식을 이용하여 몫을 구합니다.

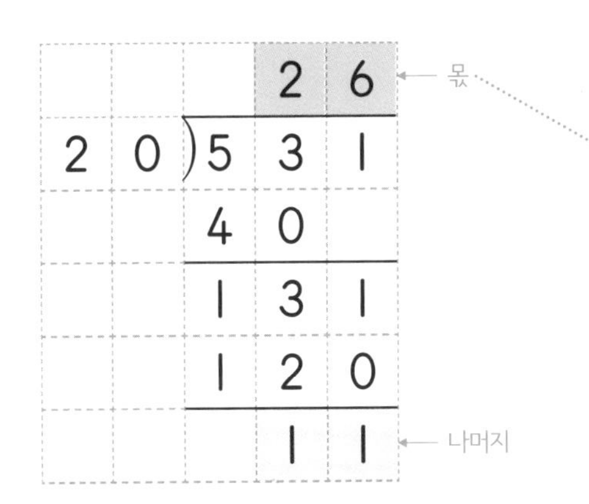

$20\times25=500$

$20\times$ [1] $\square$ $=520$

$20\times27=$ [2] $\square$

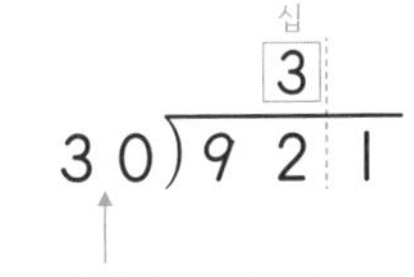

• 나누는 수에 따라 몫의 위치가 달라져요.

백: 3 — 3)921 — 한 자리 수로 나누기

십: 3 — 30)921 — 두 자리 수로 나누기

일: 3 — 300)921 — 세 자리 수로 나누기

1. 26 2. 540

(몇백 몇십)÷(몇십)의 몫은 나누어지는 수와 나누는 수에서 각각 0을 1개씩 지운
(두 자리 수)÷(한 자리 수)의 몫과 같아요.
370÷20 ➡ 37÷2

나눗셈을 하세요.

❶
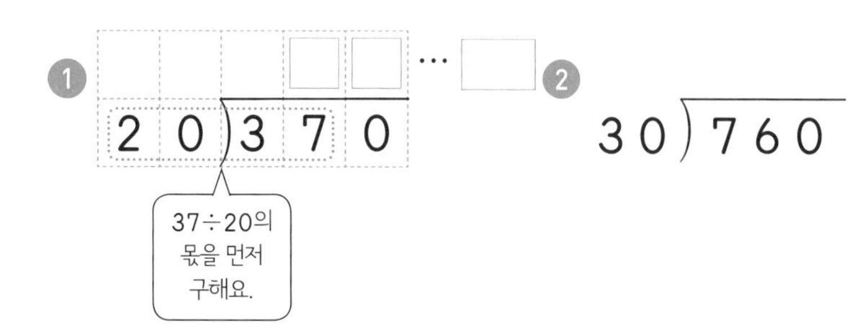

❷ 30)760

❸ 20)910

❹ 40)630

❺ 50)790

❻ 70)850

❼ 30)410

❽ 80)970

❾ 60)820

❿ 90)910

⓫ 40)980

⓬ 50)940

몫은 두 자리 수

2 0)3 5 2

20<35이므로 35를 20으로 나눌 수 있어요.

나누는 수가 나누어지는 수의 앞의 두 자리 수보다 작으면 몫은 두 자리 수가 돼요.

나눗셈을 하세요.

① 20)352 　 □ … □

② 30)639

③ 30)584

④ 60)713

⑤ 40)537

⑥ 40)627

⑦ 20)791

⑧ 50)829

⑨ 70)832

⑩ 80)966

⑪ 90)943

(세 자리 수)÷(몇십)은 좀 쉬웠죠? 다음 단계를 위한 준비 운동이었어요.
다음 단계인 (세 자리 수)÷(두 자리 수)도 자신감을 가지고 도전해 봐요!

나눗셈을 하세요.

① $30\overline{)527}$

② $40\overline{)738}$

③ $20\overline{)673}$

④ $60\overline{)814}$

⑤ $50\overline{)925}$

⑥ $80\overline{)851}$

⑦ $20\overline{)973}$

⑧ $70\overline{)947}$

⑨ $40\overline{)846}$

⑩ $90\overline{)994}$

⑪ $30\overline{)925}$

도전! 땅 짚고 헤엄치는 문장제

쉬운 문장제로 연산의 기본 개념을 익혀 봐요!

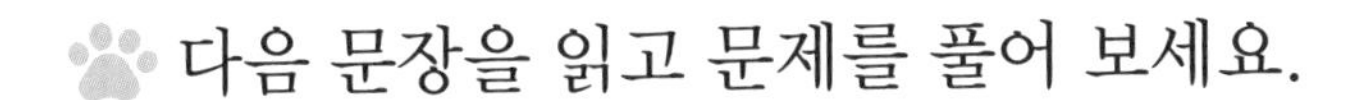

다음 문장을 읽고 문제를 풀어 보세요.

① 곶감 560개를 한 줄에 20개씩 꿰었습니다. 꿰어 놓은 곶감은 몇 줄일까요?

____

② 양계장에서 달걀 615개를 생산했습니다. 달걀을 한 판에 30개씩 담으면 몇 판까지 담을 수 있을까요?

____

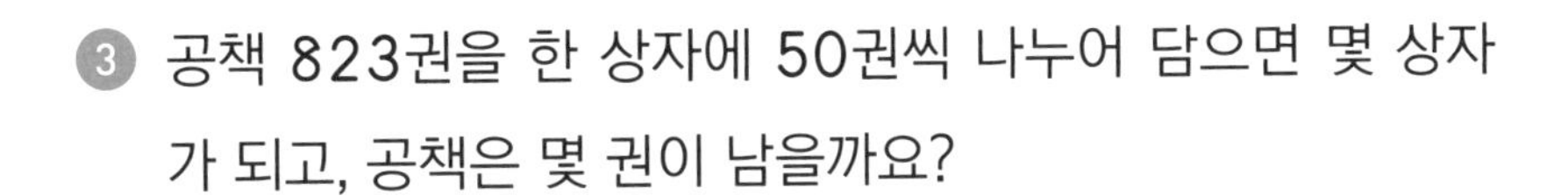

③ 공책 823권을 한 상자에 50권씩 나누어 담으면 몇 상자가 되고, 공책은 몇 권이 남을까요?

________, ________

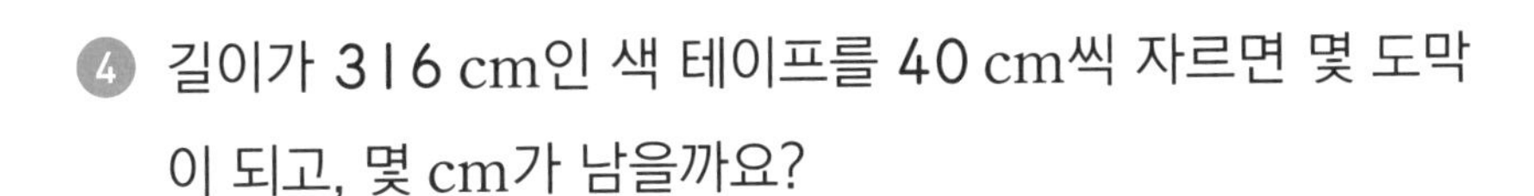

④ 길이가 316 cm인 색 테이프를 40 cm씩 자르면 몇 도막이 되고, 몇 cm가 남을까요?

________, ________

⑤ 책 714권을 책꽂이 한 칸에 60권씩 꽂으려고 합니다. 책을 모두 꽂으려면 책꽂이는 적어도 몇 칸이 필요할까요?

____

⑤ 책을 60권씩 꽂고 남은 책도 꽂아야 하므로 몫에 1을 더해 주어야 해요.

22 복잡해 보이지만 나눗셈을 두 번 한 것과 같아!

몫이 두 자리 수인 (세 자리 수)÷(두 자리 수)

❶ 곱셈식을 이용해서 몫을 구합니다.

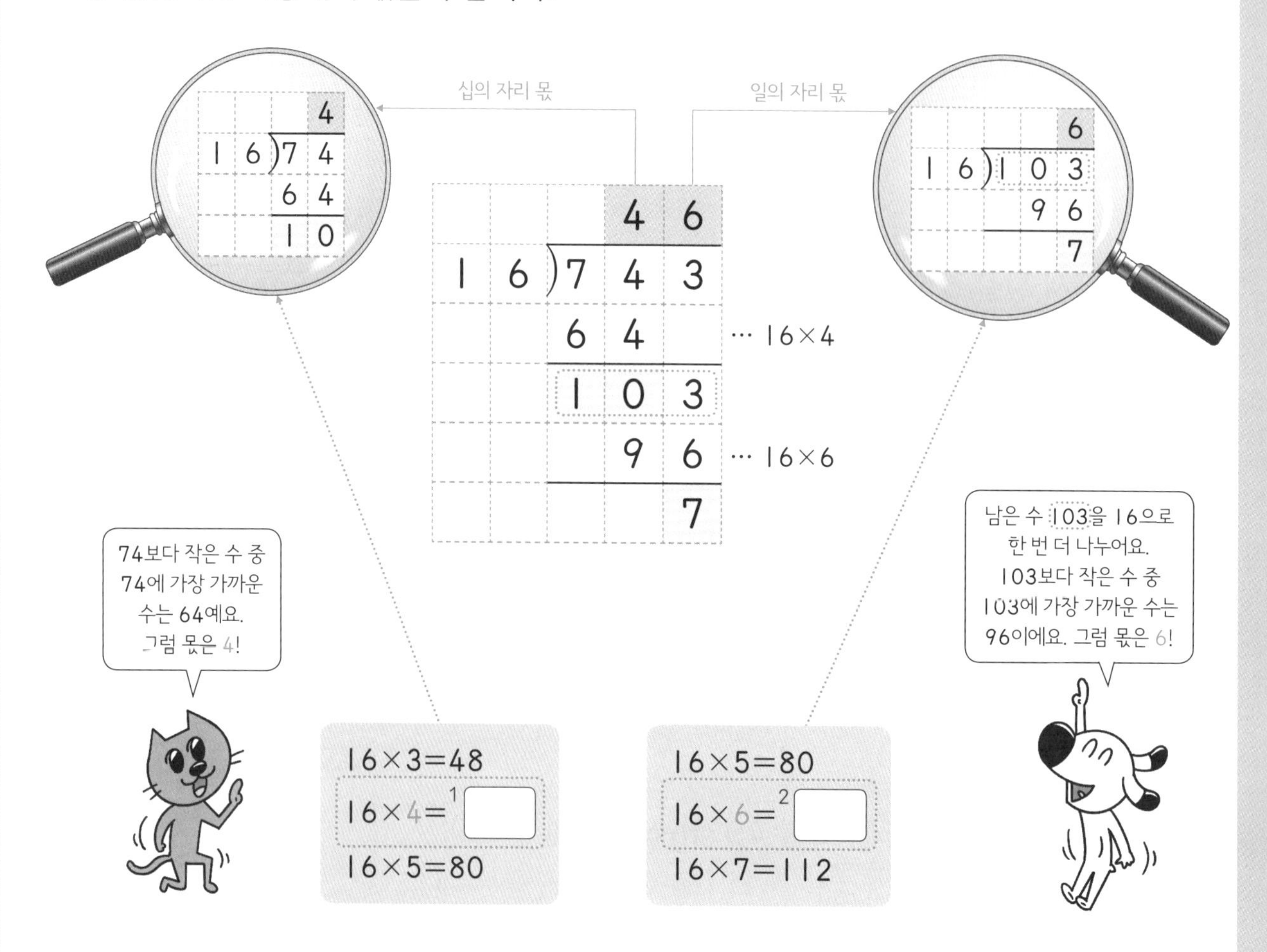

❷ 계산이 맞는지 확인합니다.

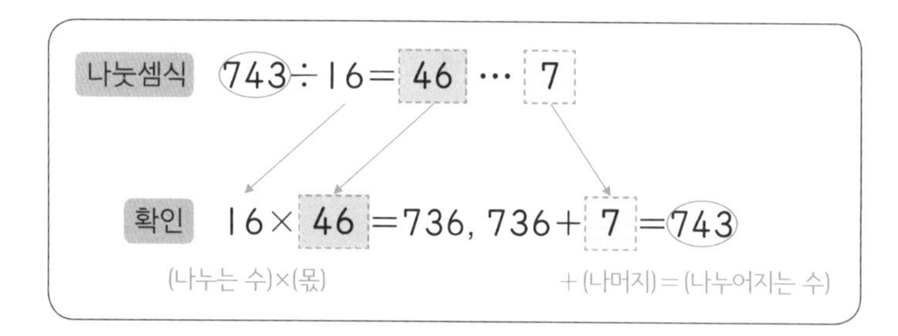

1. 64 2. 96

506÷19에서 19를 20으로 어림한 다음 몫을 구해 봐요.
구한 몫이 실제 몫과 다르다면 다시 1 크게 또는 1 작게 해 보는 거예요.

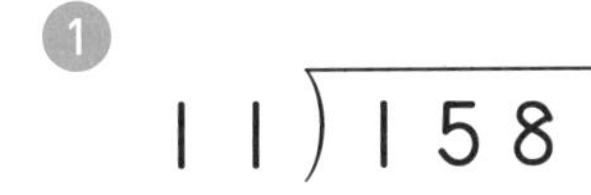

1. $11\overline{)158}$

2. $13\overline{)273}$

3. $17\overline{)620}$

4. $19\overline{)506}$

5. $22\overline{)251}$

6. $24\overline{)647}$

7. $26\overline{)492}$

8. $28\overline{)829}$

9. $33\overline{)763}$

10. $46\overline{)585}$

11. $65\overline{)940}$

확인 ______, ______

확인 ______, ______

확인 ______, ______

$$\begin{array}{r} 30 \cdots 2 \\ 29{\overline{\smash{\big)}\,872}} \\ 87 \\ \hline 2 \end{array}$$

몫의 십의 자리를 구하고 더이상 나눌 수 없으면
몫의 일의 자리에는 반드시 0을 써 줘요.

나눗셈을 하세요.

❶ $12\overline{)563}$

❷ $14\overline{)329}$

❸ $16\overline{)807}$

❹ $18\overline{)648}$

❺ $21\overline{)408}$

❻ $23\overline{)732}$

❼ $25\overline{)296}$

❽ $27\overline{)913}$

❾ $29\overline{)681}$

❿ $38\overline{)795}$

⓫ $42\overline{)950}$

⓬ $57\overline{)927}$

확인 ______, ______

확인 ______, ______

확인 ______, ______

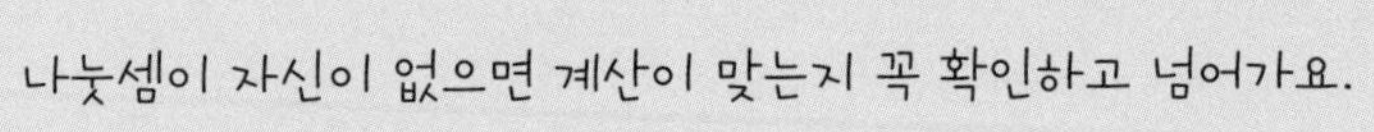

나눗셈을 하세요.

1. $14\overline{)574}$
2. $39\overline{)816}$
3. $52\overline{)639}$
4. $19\overline{)753}$
5. $46\overline{)961}$
6. $25\overline{)890}$
7. $17\overline{)802}$
8. $29\overline{)687}$
9. $32\overline{)980}$
10. $45\overline{)913}$
11. $18\overline{)728}$
12. $67\overline{)764}$

확인 ________________, ________________

확인 ________________, ________________

확인 ________________, ________________

나눗셈을 하세요.

① $13\overline{)460}$

② $24\overline{)575}$

③ $31\overline{)806}$

④ $26\overline{)621}$

⑤ $43\overline{)728}$

⑥ $16\overline{)897}$

⑦ $27\overline{)756}$

⑧ $34\overline{)882}$

⑨ $42\overline{)675}$

⑩ $28\overline{)509}$

⑪ $19\overline{)920}$

확인 ____________, ____________

확인 ____________, ____________

도전! 생각이 자라는 사고력 문제

쉬운 응용 문제로 기초 사고력을 키워 봐요!

표를 이용하여 나눗셈을 하고 계산이 맞는지 확인하세요.

1 ×14

1	10	20	30	40
14	140	280	420	560

623 ÷ 14 = [44] … [ ] 확인 ______, ______

2 ×17

1	5	10	20	30
17	85	170	340	510

420 ÷ 17 = [ ] … [ ] 확인 ______, ______

3 ×26

1	5	10	20	30
26	130	260	520	780

504 ÷ 26 = [ ] … [ ] 확인 ______, ______

4 ×32

1	5	10	20	30
32	160	320	640	960

875 ÷ 32 = [ ] … [ ] 확인 ______, ______

23 실수 없게! (세 자리 수)÷(두 자리 수) 집중 연습

(세 자리 수)÷(두 자리 수)의 실수 하기 쉬운 유형

실수 1 몫의 자리를 잘못 쓴 경우

×
```
     5
30)170
```

→ ◎
```
     5
30)170
```

몫의 자리를 잘못 썼습니다.
몫은 1 [ ]쪽 끝자리에 맞춰 써야 합니다.

실수 2 몫의 일의 자리를 빠뜨린 경우

× (0)
```
   3
18)554
   54
    14
```

→ ◎
```
   30
18)554
   54
    14
```

앞의 두 자리 수를 나누고 더 이상 나누어지지 않을 때에는 몫의 일의 자리에 2 [ ]을 꼭 써야 합니다.

실수 3 나머지가 나누는 수보다 큰 경우

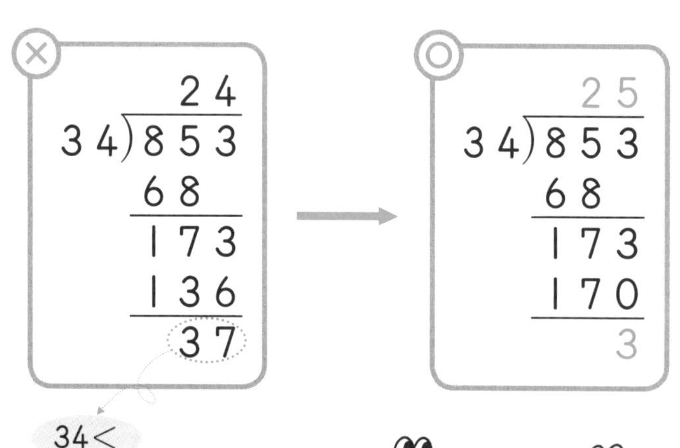

→ ◎
```
   25
34)853
   68
   173
   170
     3
```

나머지 37이 나누는 수 34보다 크므로 몫을 잘못 구했습니다.
3 [ ]는 나누는 수보다 작아야 합니다.

1. 오른 2. 0 3. 나머지

계산하고 나서 가장 먼저 확인해야 할 것은 (나머지)<(나누는 수)예요.
(나누는 수)×(몫)에 나머지를 더하면 나누어지는 수가 되어야 해요.

나눗셈을 하세요.

① $20\overline{)190}$

② $27\overline{)546}$

③ $36\overline{)295}$

④ $49\overline{)831}$

⑤ $58\overline{)358}$

⑥ $67\overline{)694}$

⑦ $13\overline{)926}$

⑧ $16\overline{)487}$

⑨ $19\overline{)162}$

⑩ $24\overline{)213}$

⑪ $37\overline{)749}$

⑫ $48\overline{)595}$

몇백을 나누었을 때 나누어떨어지는 수들은 곱셈식을 생각하면서
외워 두면 좋아요.
25×16=400 → 400÷25=16, 400÷16=25

나눗셈을 하세요.

① $15 \overline{) 600}$

② $24 \overline{) 600}$

③ $45 \overline{) 900}$

④ $25 \overline{) 200}$

⑤ $25 \overline{) 300}$

⑥ $25 \overline{) 500}$

⑦ $75 \overline{) 300}$

⑧ $75 \overline{) 600}$

⑨ $75 \overline{) 900}$

⑩ $35 \overline{) 700}$

⑪ $25 \overline{) 800}$

⑫ $15 \overline{) 900}$

나눗셈을 하세요.

① $33\overline{)111}$

② $22\overline{)444}$

③ $33\overline{)555}$

④ $44\overline{)666}$

⑤ $55\overline{)222}$

⑥ $77\overline{)333}$

⑦ $88\overline{)777}$

⑧ $99\overline{)888}$

⑨ $17\overline{)999}$

⑩ $12\overline{)345}$

⑪ $34\overline{)567}$

도전! 땅 짚고 헤엄치는 문장제

쉬운 문장제로 연산의 기본 개념을 익혀 봐요!

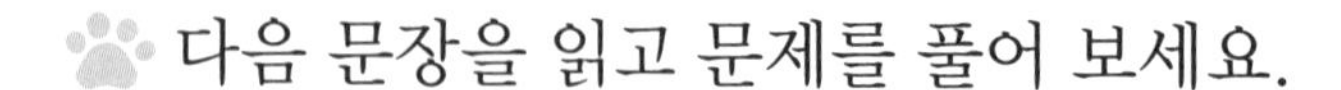

다음 문장을 읽고 문제를 풀어 보세요.

① 학생 400명이 운동장에 모여서 강강술래를 하려고 합니다. 16명씩 원을 만들면 원을 몇 개까지 만들 수 있을까요?

____

② 어린이 102명을 한 줄에 24명씩 줄을 세우면 어린이는 몇 명이 남을까요?

____

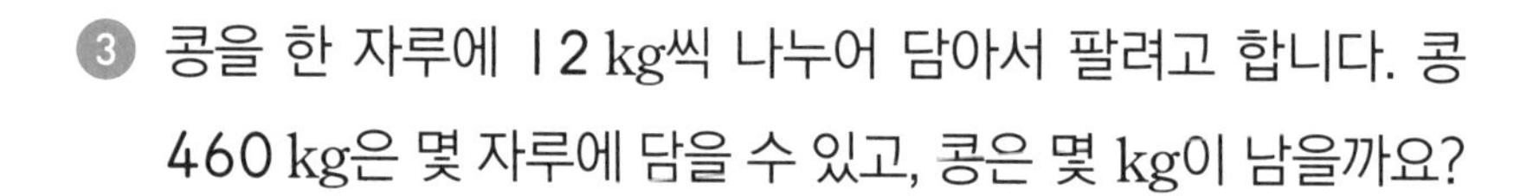

③ 콩을 한 자루에 12 kg씩 나누어 담아서 팔려고 합니다. 콩 460 kg은 몇 자루에 담을 수 있고, 콩은 몇 kg이 남을까요?

__________, __________

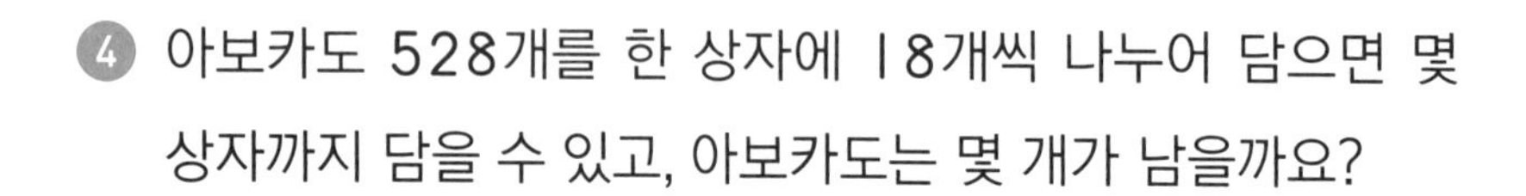

④ 아보카도 528개를 한 상자에 18개씩 나누어 담으면 몇 상자까지 담을 수 있고, 아보카도는 몇 개가 남을까요?

__________, __________

⑤ 315명이 버스를 타고 여행을 가려고 합니다. 버스 한 대에 42명씩 타려면 버스는 적어도 몇 대가 필요할까요?

____

⑤ 315÷42의 몫을 구하고 나머지가 생기죠? 남은 학생도 버스에 타야 하니까 몫에 1을 더해 주는 것을 잊지 마세요.

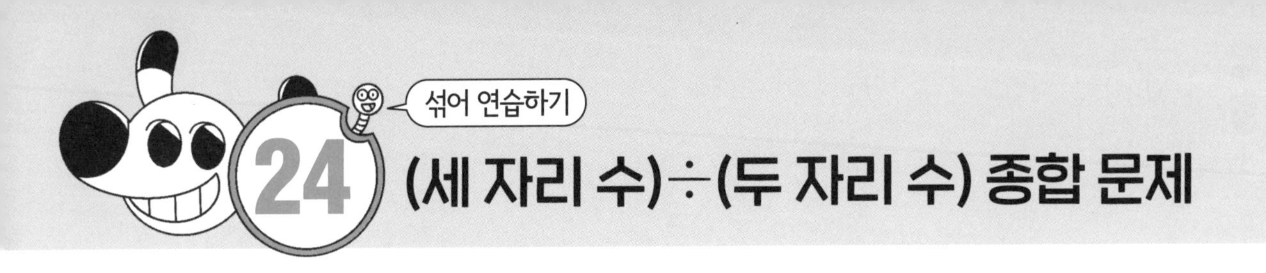

① $30\overline{)250}$

② $25\overline{)150}$

③ $11\overline{)458}$

④ $43\overline{)305}$

⑤ $62\overline{)410}$

⑥ $19\overline{)653}$

⑦ $37\overline{)777}$

⑧ $28\overline{)560}$

⑨ $78\overline{)627}$

⑩ $56\overline{)516}$

⑪ $64\overline{)782}$

⑫ $24\overline{)912}$

나눗셈을 하세요.

① $35\overline{)175}$

② $13\overline{)226}$

③ $40\overline{)741}$

④ $46\overline{)312}$

⑤ $54\overline{)379}$

⑥ $67\overline{)386}$

⑦ $56\overline{)672}$

⑧ $84\overline{)294}$

⑨ $36\overline{)826}$

⑩ $17\overline{)544}$

⑪ $68\overline{)947}$

⑫ $91\overline{)728}$

나눗셈을 하세요.

① $18\overline{)720}$

② $27\overline{)189}$

③ $32\overline{)635}$

④ $59\overline{)236}$

⑤ $26\overline{)594}$

⑥ $86\overline{)600}$

⑦ $47\overline{)193}$

⑧ $73\overline{)628}$

⑨ $53\overline{)848}$

⑩ $43\overline{)493}$

⑪ $75\overline{)940}$

⑫ $94\overline{)305}$

빠독이가 더 빠른 길로 여행을 가려고 합니다. 표지판에 적힌 나눗셈의 몫이 더 작은 길을 따라가 보세요.

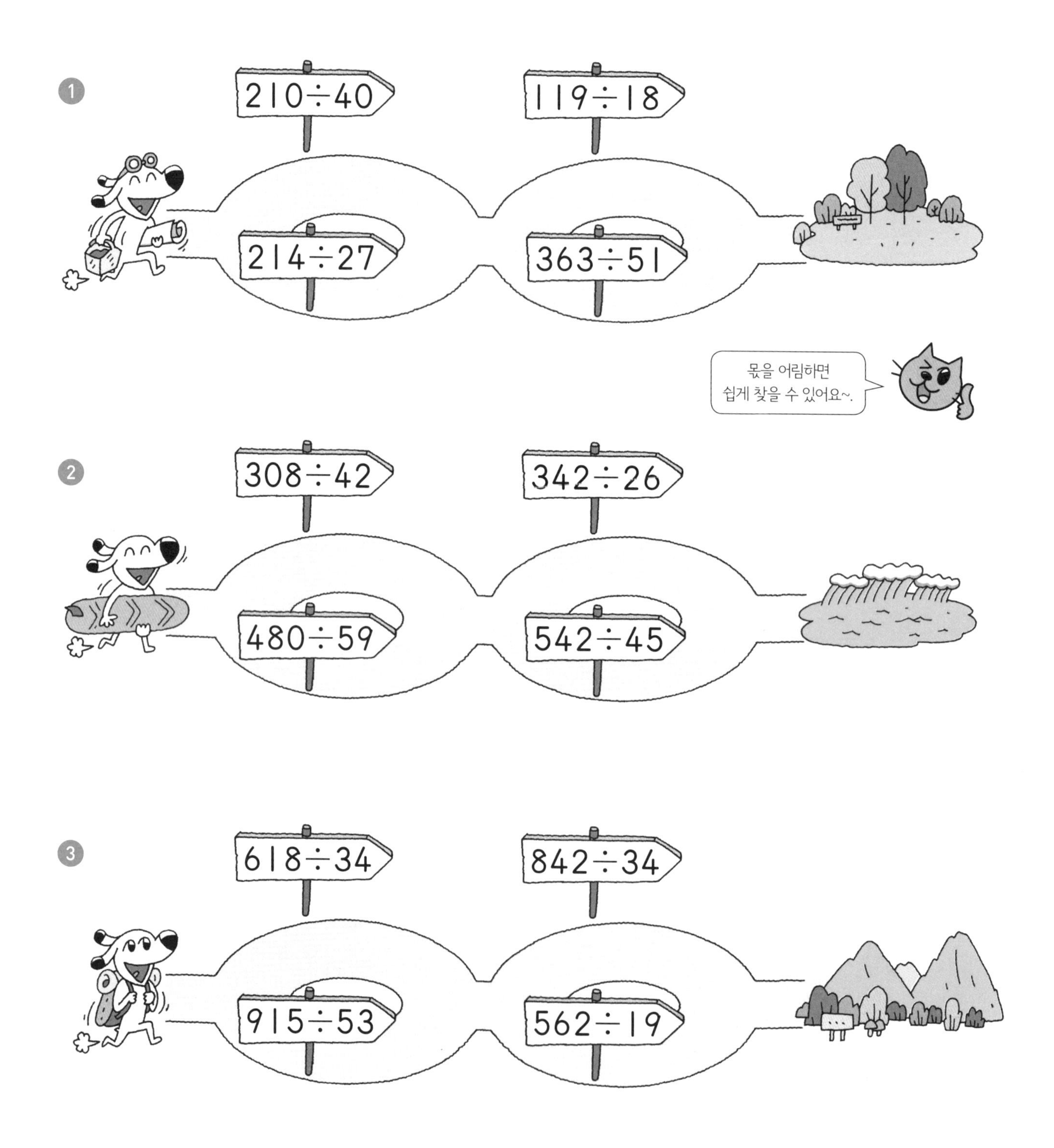

수학 단서를 풀면 빠독이가 어떤 친구인지 알 수 있습니다. 빈칸에 알맞은 수를 써넣어 소개글을 완성하세요.

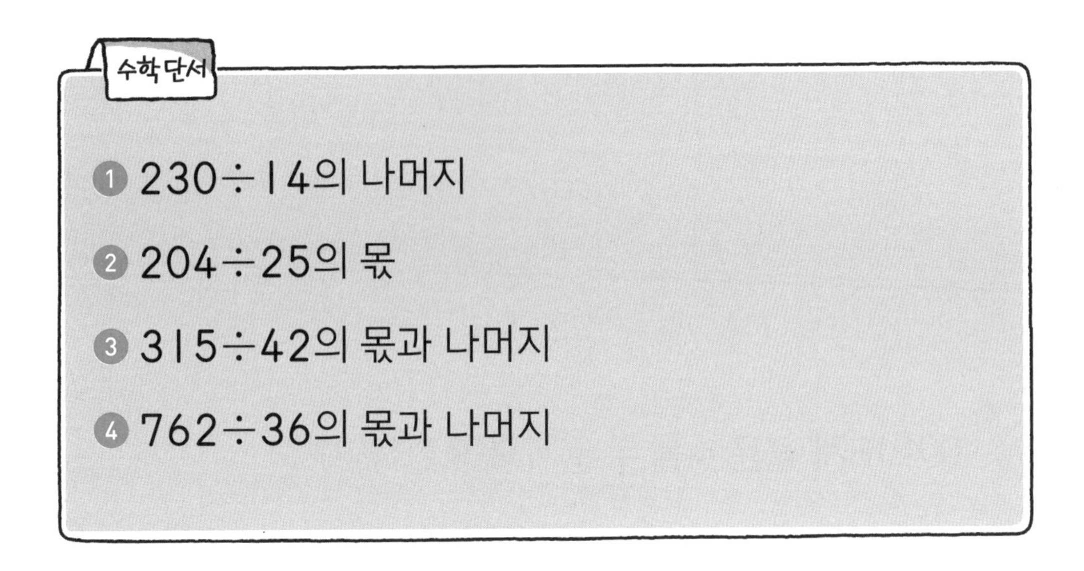

'0이 18개' 붙은 수를 두 글자로 표현하면?

"이 몸이 죽고 죽어 골백 번 고쳐 죽어 백골이 진토되어 넋이라도 있고 없고 임 향한 일편단심이야 가실 줄이 있으랴."

이 노래는 고려 시대의 충신 정몽주의 단심가예요. 여기에 나오는 '골'이라는 말은 '뼈'를 뜻하는 한자 말이 아니라 10의 16제곱에 해당하는 '경'을 뜻하는 우리말이랍니다.

수를 셀 때 '일, 십, 백, 천, 만, 십만, 백만, 천만, 억, 조, 경……' 으로 세요. '경'을 우리말로 '골'이라고 해요. 단심가에선 골이 아니라 '골백'이라고 했으니 1 뒤에 0이 18개나 붙은 수가 되는 1000000000000000000번 죽는다는 뜻이겠네요. 이런 수를 생각해 본 적이 있나요? 어떤 경우에라도 절대 변치 않겠다는 진실한 마음이 느껴지지요?

* '일백 번 고쳐 죽어'로 표현되기도 합니다.

바쁜 3·4학년을 위한 빠른 나눗셈

스마트폰으로도 정답을 확인할 수 있어요!

① 정답을 확인한 후 틀린 문제는 ☆표를 쳐 놓으세요~.

② 그런 다음 연습장에 틀린 문제를 옮겨 적으세요.

③ 그리고 그 문제들만 한 번 더 풀어 보세요.

시간은 얼마 걸리지 않아요. 그러나 이때 실력이 확 붙는 거예요.
아는 문제를 여러 번 다시 푸는 건 시간 낭비예요.
내가 틀린 문제만 모아서 풀면 아무리 바쁘더라도
수학 실력을 키울 수 있어요!

01단계 A

19쪽

① 4, 4　② 3, 3　③ 6, 6　④ 5, 5
⑤ 8, 8　⑥ 7, 7　⑦ 3, 3　⑧ 8, 8
⑨ 5, 5　⑩ 9, 9　⑪ 4, 4　⑫ 7, 7
⑬ 8, 8

01단계 B

20쪽

① 3, 3　② 9, 9　③ 5, 5　④ 6, 6
⑤ 3, 3　⑥ 5, 5　⑦ 6, 6　⑧ 7, 7
⑨ 9, 9　⑩ 4, 4　⑪ 4, 4　⑫ 8, 8
⑬ 8, 8

01단계 도전! 생각이 자라는 사고력 문제

21쪽

①

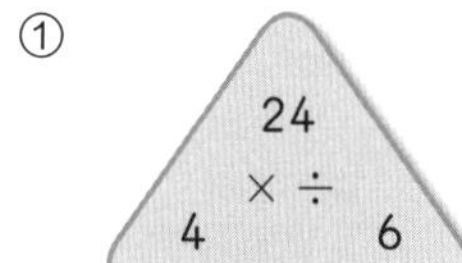

4×6=24
6 × 4 = 24
24÷4=6
24 ÷ 6 = 4

②

35
× ÷
7　5

7×5=35
5 × 7 = 35
35 ÷7=5
35 ÷ 5 = 7

③

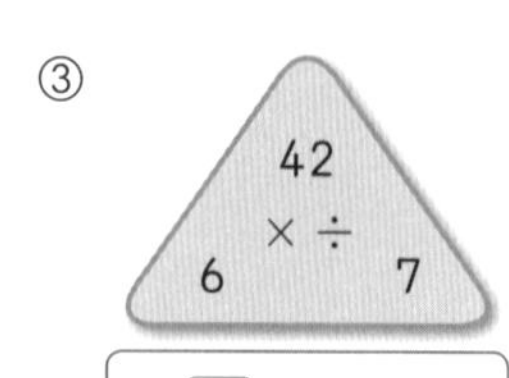

7 ×6=42
6 × 7 = 42
42 ÷ 6 = 7
42 ÷7= 6

④

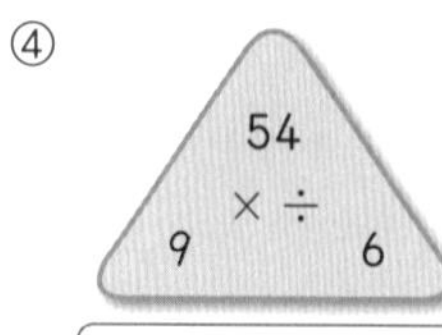

9× 6 =54
6 × 9 = 54
54 ÷9= 6
54 ÷ 6 = 9

사고력 풀이

하나의 곱셈식은 두 개의 나눗셈식으로 나타낼 수 있습니다.

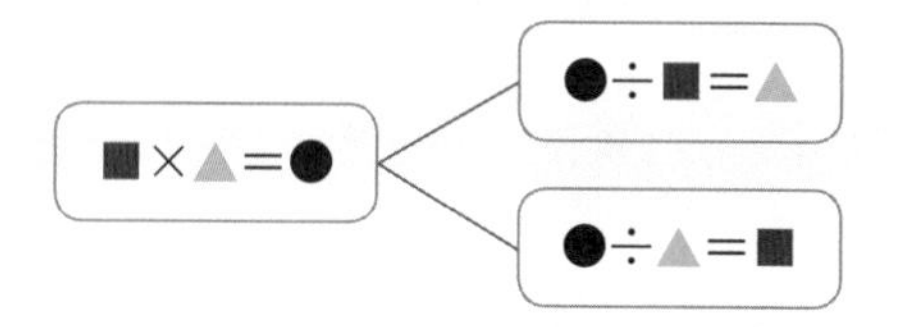

02단계 A

23쪽

① 2　② 6　③ 4　④ 3
⑤ 4　⑥ 7　⑦ 9　⑧ 6
⑨ 3　⑩ 6　⑪ 7　⑫ 3
⑬ 8　⑭ 9　⑮ 7　⑯ 7

÷6	18	30	54	24	42	48	12	6	36
	3	5	9	4	7	8	2	1	6

02단계 B

24쪽

① 4　② 4　③ 7　④ 8
⑤ 8　⑥ 5　⑦ 5　⑧ 5
⑨ 7　⑩ 9　⑪ 8　⑫ 6
⑬ 7　⑭ 6　⑮ 6　⑯ 9

÷8	40	56	16	8	24	64	72	32	48
	5	7	2	1	3	8	9	4	6

02단계 도전! 땅 짚고 헤엄치는 문장제 25쪽

① 6개　② 5명　③ 7 cm

④ 7장　⑤ 8쪽

① $12 \div 2 = 6$(개)

② $15 \div 3 = 5$(명)

③ $42 \div 6 = 7$(cm)

④ $28 \div 4 = 7$(장)

⑤ $56 \div 7 = 8$(쪽)

03단계 A 27쪽

① 8　② 9　③ 5　④ 7

⑤ 3　⑥ 9　⑦ 7　⑧ 7

⑨ 5　⑩ 5　⑪ 7　⑫ 9

⑬ 8　⑭ 9　⑮ 4　⑯ 6

⑰ 6　⑱ 7

03단계 B 28쪽

① 36　② 56　③ 16　④ 36

⑤ 48　⑥ 21　⑦ 20　⑧ 45

⑨ 28　⑩ 42　⑪ 35　⑫ 36

⑬ 12　⑭ 72　⑮ 64　⑯ 30

⑰ 63

03단계 도전! 생각이 자라는 사고력 문제 29쪽

① ÷5

	÷5
15	3
30	6
45	9

② ÷7

	÷7
14	2
28	4
56	8

③ (→ ÷, ↓ ÷)

12	4	3
6	2	3
2	2	

④ (→ ÷, ↓ ÷)

18	6	3
9	3	3
2	2	

⑤ (→ ÷, ↓ ÷)

32	4	8
8	2	4
4	2	

⑥ (→ ÷, ↓ ÷)

36	9	4
6	3	2
6	3	

04단계 종합 문제 30쪽

① 2, 2　② 8, 8　③ 7, 7　④ 6, 6

⑤ 9, 9　⑥ 7, 7　⑦ 5　⑧ 8

⑨ 7　⑩ 9　⑪ 5　⑫ 9

⑬ 6　⑭ 4　⑮ 8　⑯ 9

04단계 종합 문제 31쪽

① 2　② 21　③ 6　④ 16

⑤ 8　⑥ 36　⑦ 9　⑧ 28

⑨ 8　⑩ 54　⑪ 9　⑫ 72

⑬ ÷4

	÷4
12	3
24	6
36	9

⑭

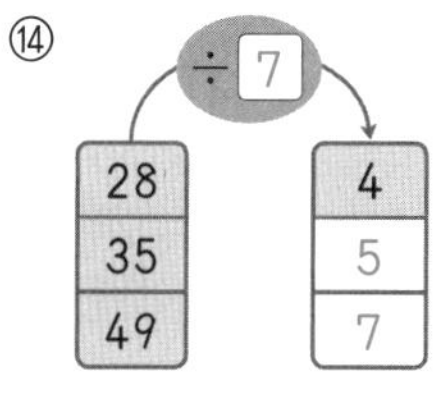

04단계 종합 문제 32쪽

①
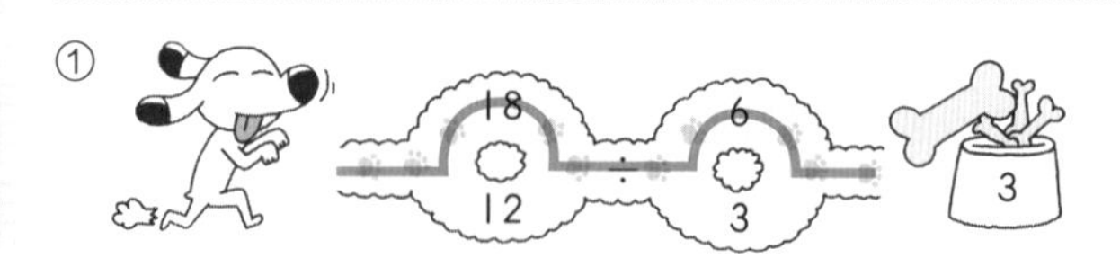

②
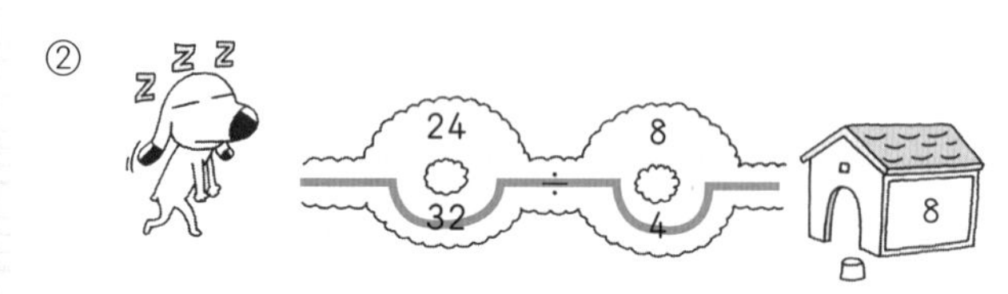

③
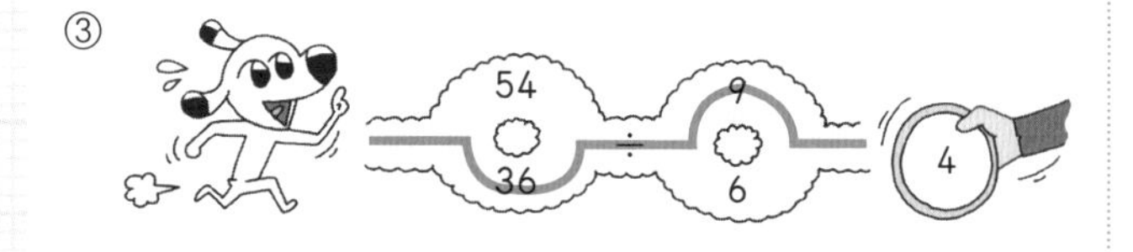

04단계 종합 문제 33쪽

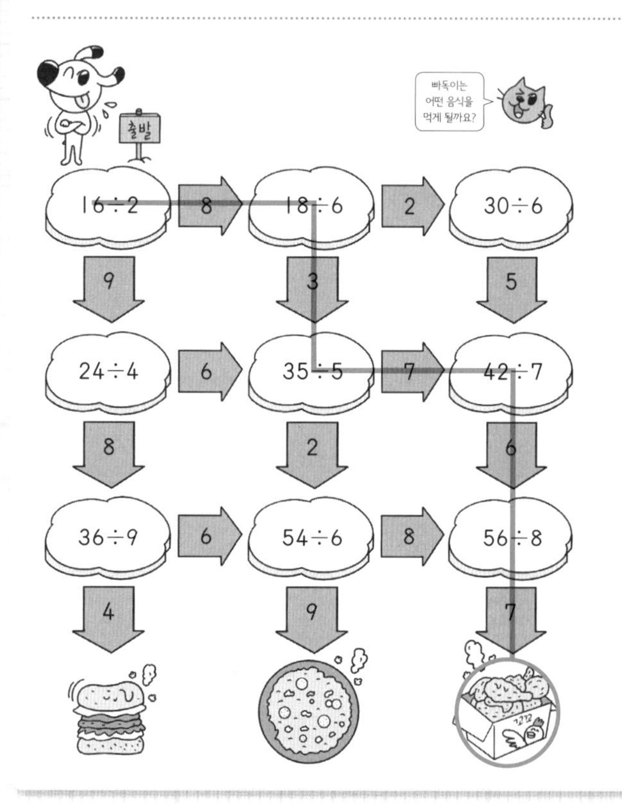

05

05단계 A 37쪽

① 30	② 20	③ 23	④ 13
⑤ 31	⑥ 21	⑦ 23	⑧ 41
⑨ 21	⑩ 31	⑪ 11	

05단계 B 38쪽

① 13	② 24	③ 12	④ 34
⑤ 42	⑥ 20	⑦ 43	⑧ 21
⑨ 22	⑩ 11	⑪ 32	

05단계  땅 짚고 헤엄치는 문장제 39쪽

① 30개	② 13개	③ 12자루
④ 21상자	⑤ 22문제	

① $90 \div 3 = 30$(개)

② $26 \div 2 = 13$(개)

③ $48 \div 4 = 12$(자루)

④ $63 \div 3 = 21$(상자)

⑤ $88 \div 4 = 22$(문제)

06단계 Ⓐ 41쪽

① 5 … 1　② 4 … 2　③ 6 … 1

④ 7 … 3　⑤ 5 … 2　⑥ 8 … 3

⑦ 2 … 4　⑧ 3 … 5

⑨ 3 … 5　확인 $7\times3=21$, $21+5=26$

⑩ 6 … 4　확인 $8\times6=48$, $48+4=52$

⑪ 6 … 6　확인 $9\times6=54$, $54+6=60$

06단계 Ⓑ 42쪽

① 7 … 1　② 7 … 2　③ 6 … 2

④ 3 … 4　⑤ 5 … 2　⑥ 4 … 6

⑦ 3 … 5　⑧ 4 … 8　⑨ 8 … 6

⑩ 9 … 4　확인 $6\times9=54$, $54+4=58$

⑪ 7 … 7　확인 $8\times7=56$, $56+7=63$

⑫ 7 … 2　확인 $9\times7=63$, $63+2=65$

06단계 Ⓒ 43쪽

① 6 … 1　② 2 … 3　③ 3 … 5

④ 9 … 4　⑤ 9 … 2　⑥ 8 … 1

⑦ 8 … 3　⑧ 8 … 6　⑨ 8 … 2

⑩ 7 … 6　확인 $7\times7=49$, $49+6=55$

⑪ 8 … 8　확인 $9\times8=72$, $72+8=80$

06단계 도전! 땅 짚고 헤엄치는 문장제 44쪽

① 8접시, 3개　② 9명, 1권　③ 4주, 2일

④ 4개　⑤ 8바구니, 5개

① $35\div4=8$ … 3

② $46\div5=9$ … 1

③ $30\div7=4$ … 2

④ $60\div8=7$ … 4

⑤ $53\div6=8$ … 5

07

07단계 Ⓐ 46쪽

① 17　② 16　③ 36　④ 16

⑤ 12　⑥ 13　⑦ 15　⑧ 15

⑨ 12　⑩ 23　⑪ 12　⑫ 29

07단계 Ⓑ 47쪽

① 18 … 1　② 13 … 2　③ 12 … 2

④ 13 … 1　⑤ 12 … 3　⑥ 24 … 2

⑦ 19 … 1　⑧ 15 … 1　⑨ 29 … 2

⑩ 11 … 3　⑪ 15 … 2　⑫ 12 … 4

07단계 C　48쪽

① 29 … 1　② 18 … 3　③ 16 … 4

④ 23 … 1　⑤ 13 … 4　⑥ 12 … 1

⑦ 36 … 1　⑧ 22 … 2　⑨ 45 … 1

⑩ 27 … 1　⑪ 13 … 5

07단계 도전! 땅 짚고 헤엄치는 문장제　49쪽

① 24명　② 14권　③ 12묶음, 2개

④ 12개, 3개　⑤ 73개

① $48 \div 2 = 24$(명)

② $42 \div 3 = 14$(권)

③ $50 \div 4 = 12 \cdots 2$

④ $75 \div 6 = 12 \cdots 3$

⑤ (14봉지에 담은 감의 수)$=5 \times 14 = 70$(개)
(전체 감의 수)$=70 + 3 = 73$(개)

08단계 종합 문제　50쪽

① 31　② 8 … 2　③ 13 … 4

④ 17　⑤ 8 … 4　⑥ 12

⑦ 16 … 1　⑧ 6 … 4　⑨ 22 … 3

⑩ 7 … 7　⑪ 14 … 1　⑫ 12

08단계 종합 문제　51쪽

① 39　② 31 … 2　③ 5 … 3

④ 18 … 2　⑤ 17　⑥ 13

⑦ 18 … 3　⑧ 2 … 8　⑨ 12 … 1

⑩ 14　⑪ 6 … 6　⑫ 9 … 1

08단계 종합 문제　52쪽

①

②

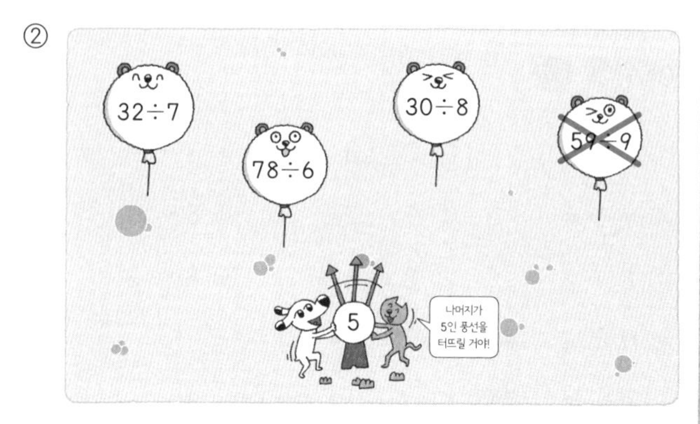

08단계 종합 문제 53쪽

09단계 A 57쪽

① 320 ② 185 ③ 124 ④ 239

⑤ 145 ⑥ 123 ⑦ 188 ⑧ 122

⑨ 295 ⑩ 109 ⑪ 105

09단계 B 58쪽

① 131 … 1 ② 258 … 1 ③ 136 … 1

④ 238 … 2 ⑤ 173 … 3 ⑥ 218 … 2

⑦ 129 … 2 ⑧ 178 … 1 ⑨ 125 … 2

⑩ 126 … 6 ⑪ 155 … 4 ⑫ 119 … 7

09단계 C 59쪽

① 197 … 1 ② 189 ③ 153 … 1

④ 240 … 2 ⑤ 375… 1 ⑥ 144

⑦ 185 … 3 ⑧ 152 … 4 ⑨ 123 … 6

⑩ 123 … 2 ⑪ 106 … 3

09단계  땅 짚고 헤엄치는 문장제 60쪽

① 120개 ② 118마리, 1마리 ③ 1장

④ 105일, 2개 ⑤ 102개

① $360\div3=120$(개)

② $237\div2=118 \cdots 1$

③ $453\div4=113 \cdots 1$

④ $527\div5=105 \cdots 2$

⑤ $816\div8=102$(개)

10

10단계 A 62쪽

① 80 ② 94 ③ 47 … 2

④ 42 … 1 ⑤ 77 … 3 ⑥ 48 … 2

⑦ 92 … 1 ⑧ 87 … 5 ⑨ 69 … 6

⑩ 76 … 7 ⑪ 78 … 2

10단계 B (63쪽)

① 33 … 1　② 85　③ 86 … 1
④ 49 … 1　⑤ 84 … 4　⑥ 35 … 5
⑦ 56 … 3　⑧ 70 … 8　⑨ 69 … 3
⑩ 88　⑪ 66 … 3　⑫ 32 … 5

10단계 C (64쪽)

① 55　② 60 … 2　③ 69 … 4
④ 90 … 1　⑤ 35　⑥ 29 … 4
⑦ 95 … 1　⑧ 79 … 1　⑨ 56 … 2
⑩ 84 … 2　⑪ 58 … 6

10단계 도전! 땅 짚고 헤엄치는 문장제 (65쪽)

① 28마리　② 59개　③ 27도막, 3 cm
④ 4개　⑤ 80봉지, 3개

문장제 풀이

① 140÷5=28(마리)
② 354÷6=59(개)
③ 219÷8=27 … 3
④ 263÷7=37 … 4
⑤ 323÷4=80 … 3

11

11단계 A (67쪽)

① 50　② 500　③ 50　④ 40
⑤ 400　⑥ 150　⑦ 75　⑧ 750
⑨ 200　⑩ 50　⑪ 500

11단계 B (68쪽)

① 250　② 62 … 4　③ 625
④ 150　⑤ 75　⑥ 750
⑦ 140　⑧ 87 … 4　⑨ 875
⑩ 160　⑪ 88 … 8　⑫ 888 … 8

11단계 C (69쪽)

① 41　② 61 … 1　③ 617
④ 78　⑤ 46 … 4　⑥ 469
⑦ 115　⑧ 57 … 3　⑨ 576
⑩ 50 … 6　⑪ 507 … 4

11단계 도전! 생각이 자라는 사고력 문제 (70쪽)

① 800÷5에 ○표　② 2000÷4에 ○표
③ 3000÷5에 ○표　④ 2000÷4에 ○표
⑤ 2000÷5에 ○표　⑥ 6240÷4에 ○표

주어진 나눗셈에서 나누는 수가 같을 때 나누어지는 수가 클수록 몫이 커진다는 것을 이용할 수 있습니다.

① 600÷5=120, 650÷5=130,
700÷5=140, 800÷5=(160)
← 나누어지는 수가 가장 큰 수

② 1000÷4=250, 100÷4=25,
2000÷4=(500), 200÷4=50
← 나누어지는 수가 가장 큰 수

③ 3000÷5=(600), 300÷5=60,
300÷6=50, 3000÷6=500

④ 200÷4=50, 2000÷4=(500),
150÷6=25, 1500÷6=250

⑤ 200÷8=25, 2000÷8=250,
200÷5=40, 2000÷5=(400)

⑥ 500÷4=125, 5000÷4=1250,
6240÷4=(1560), 624÷4=156

12단계 A 72쪽

① 63 … 1　② 236 … 1　③ 34 … 4
④ 121 … 6　⑤ 259 … 1　⑥ 172 … 3
⑦ 60 … 6　⑧ 126 … 5　⑨ 76 … 8
⑩ 245　⑪ 73 … 4　⑫ 135 … 2

12단계 B 73쪽

① 163 … 1　② 123　③ 52 … 7
④ 359 … 1　⑤ 38 … 4　⑥ 34 … 4
⑦ 289 … 1　⑧ 82 … 2　⑨ 130 … 6
⑩ 55 … 4　⑪ 129　⑫ 61 … 6

12단계 C 74쪽

① 166 … 2　② 33 … 2　③ 33 … 3
④ 57 … 1　⑤ 177 … 3　⑥ 66 … 6
⑦ 175　⑧ 47 … 4　⑨ 112 … 4
⑩ 142 … 4　⑪ 109 … 6

12단계  생각이 자라는 사고력 문제 75쪽

① 854÷3=284 … 2
② 976÷5=195 … 1
③ 875÷4=218 … 3
④ 345÷8=43 … 1
⑤ 567÷9=63
⑥ 457÷8=57 … 1

①, ②, ③
• 몫이 가장 큰 나눗셈식은 (가장 큰 세 자리 수)÷(가장 작은 한 자리 수)입니다.

④, ⑤, ⑥
• 몫이 가장 작은 나눗셈식은 (가장 작은 세 자리 수)÷(가장 큰 한 자리 수)입니다.

13단계 종합 문제 76쪽

① 195 … 1　② 191　③ 167
④ 38 … 2　⑤ 77　⑥ 73 … 1
⑦ 184　⑧ 91　⑨ 127 … 4
⑩ 98 … 2　⑪ 66　⑫ 104 … 2

13단계 종합 문제 77쪽

① 257　② 274 ··· 1　③ 68
④ 151 ··· 4　⑤ 142 ··· 4　⑥ 131
⑦ 58　⑧ 65　⑨ 65 ··· 6
⑩ 68 ··· 5　⑪ 230 ··· 2　⑫ 70 ··· 7

13단계 종합 문제 78쪽

① 376 ··· 1　② 144 ··· 3　③ 156
④ 153 ··· 1　⑤ 134　⑥ 161 ··· 2
⑦ 30 ··· 3　⑧ 64　⑨ 76
⑩ 83　⑪ 76 ··· 3　⑫ 92

13단계 종합 문제 79쪽

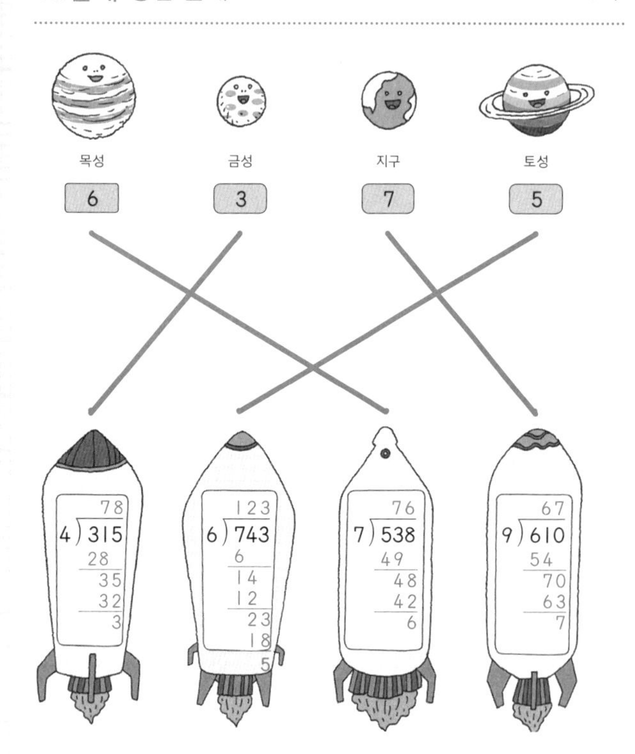

13단계 종합 문제 80쪽

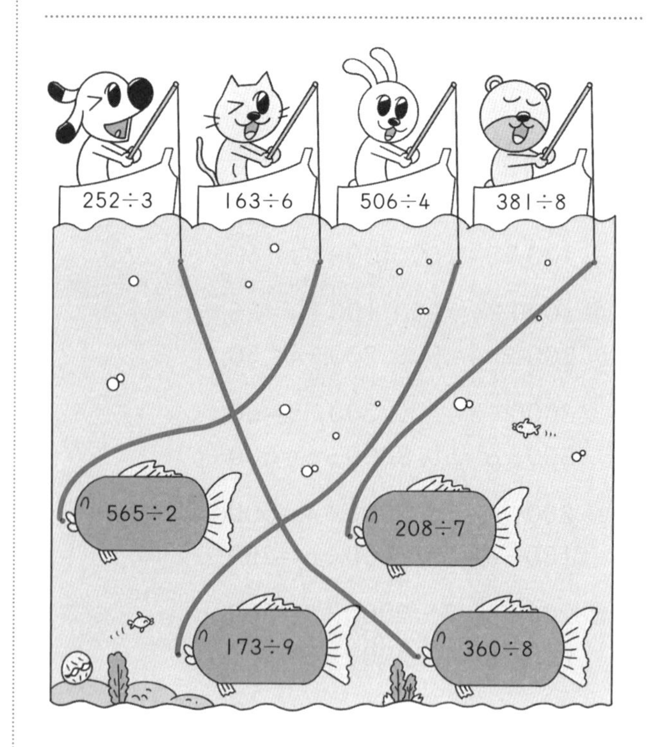

14단계 A 83쪽

① 3　② 3 ··· 10　③ 1 ··· 10
④ 2 ··· 20　⑤ 2 ··· 10　⑥ 4
⑦ 1 ··· 30　⑧ 4 ··· 10　⑨ 3
⑩ 1 ··· 20　⑪ 1 ··· 30

14단계 B 84쪽

① 1 ··· 16　② 1 ··· 15　③ 2 ··· 12
④ 1 ··· 18　⑤ 4 ··· 14　⑥ 2 ··· 16
⑦ 2 ··· 15　⑧ 2 ··· 23　⑨ 1 ··· 31
⑩ 1 ··· 13　⑪ 1 ··· 19　⑫ 1 ··· 27

14단계 Ⓒ 85쪽

① 2 ⋯ 3 ② 1 ⋯ 32 ③ 2 ⋯ 8
④ 2 ⋯ 6 ⑤ 3 ⋯ 5 ⑥ 2 ⋯ 17
⑦ 4 ⋯ 2 ⑧ 1 ⋯ 46 ⑨ 2 ⋯ 19
⑩ 3 ⋯ 4 ⑪ 4 ⋯ 13

14단계  땅 짚고 헤엄치는 문장제 86쪽

① 3쪽 ② 5송이 ③ 2바구니, 12개
④ 97 ⑤ 5대

① $90 \div 30 = 3$(쪽)

② $85 \div 20 = 4 \cdots 5$

③ $72 \div 30 = 2 \cdots 12$

④ 어떤 수를 □라고 하면
□$\div 40 = 2 \cdots 17$에서
$40 \times 2 = 80$, $80 + 17 =$□, □$=97$

⑤ $93 \div 20 = 4 \cdots 13$
4대에 타고 남은 13명이 탈 수 있는 버스 1대가 더 필요하므로 적어도 $4+1=5$(대)가 필요합니다.

15단계 Ⓐ 88쪽

① 2 ⋯ 10 ② 4 ⋯ 6 ③ 5 ⋯ 6
④ 4 ⋯ 7 ⑤ 5 ⋯ 12 ⑥ 5 ⋯ 13
⑦ 3 ⋯ 1 ⑧ 4 ⑨ 3 ⋯ 10
⑩ 4 ⋯ 2 ⑪ 3 ⋯ 12 ⑫ 4

15단계 Ⓑ 89쪽

① 2 ⋯ 22 ② 3 ⋯ 10 ③ 3 ⋯ 10
④ 2 ⋯ 2 ⑤ 3 ⋯ 3 ⑥ 2
⑦ 2 ⋯ 12 ⑧ 4 ⑨ 4 ⋯ 7
⑩ 4 ⋯ 12 ⑪ 4 ⋯ 7 ⑫ 2 ⋯ 2

15단계  90쪽

① 4 ⋯ 5 ② 5 ⋯ 1 ③ 4 ⋯ 5
④ 5 ⑤ 4 ⋯ 2 ⑥ 3 ⋯ 14
⑦ 3 ⋯ 2 ⑧ 2 ⋯ 20 ⑨ 3 ⋯ 10
⑩ 2 ⋯ 10 ⑪ 2 ⋯ 6

15단계  생각이 자라는 사고력 문제 91쪽

① 5, 5 확인 $13 \times 5 = 65$, $65 + 5 = 70$

② 3, 3 확인 $16 \times 3 = 48$, $48 + 3 = 51$

③ 4, 12 확인 $17 \times 4 = 68$, $68 + 12 = 80$

④ 5, 4 확인 $18 \times 5 = 90$, $90 + 4 = 94$

표를 이용하여 나누어지는 수보다 작으면서 가장 가까운 곱을 찾으면 몫을 구할 수 있습니다.

16단계 A 93쪽

① 5 ② 4 … 13 ③ 5 … 10

④ 4 … 10 ⑤ 4 … 2 ⑥ 5 … 11

⑦ 3 … 15 ⑧ 3 … 7

⑨ 3 … 1 **확인** 27×3=81, 81+1=82

⑩ 2 … 26 **확인** 36×2=72, 72+26=98

⑪ 2 … 1 **확인** 48×2=96, 96+1=97

16단계 B 94쪽

① 4 … 1 ② 3 … 9 ③ 4 … 5

④ 4 … 1 ⑤ 4 ⑥ 4 … 1

⑦ 3 ⑧ 4 … 2

⑨ 3 … 2 **확인** 24×3=72, 72+2=74

⑩ 3 … 5 **확인** 25×3=75, 75+5=80

⑪ 3 … 10 **확인** 26×3=78, 78+10=88

16단계 C 95쪽

① 4 … 6 ② 4 … 14 ③ 3 … 12

④ 3 … 3 ⑤ 3 … 12 ⑥ 2 … 21

⑦ 3 … 12 ⑧ 4 … 12 ⑨ 5

⑩ 4 … 11 **확인** 19×4=76, 76+11=87

⑪ 2 … 14 **확인** 39×2=78, 78+14=92

⑫ 2 … 5 **확인** 47×2=94, 94+5=99

16단계 도전! 땅 짚고 헤엄치는 문장제 96쪽

① 5일 ② 4포대, 12kg ③ 4권

④ 5도막, 1 m ⑤ 6상자

문장제 풀이

① 65÷13=5(일)

② 92÷20=4 … 12

③ 88÷14=6 … 4

④ 76÷15=5 … 1

⑤ 80÷12=6 … 8
한 상자를 가득 채워야 팔 수 있으므로 6상자까지 팔 수 있습니다.

17

17단계 A 98쪽

① 4 … 6 ② 5 … 10 ③ 2 … 14

④ 2 … 12 ⑤ 2 … 16 ⑥ 2 … 24

⑦ 1 … 26 ⑧ 1 … 25 ⑨ 1 … 24

⑩ 5 … 1 ⑪ 3 … 8 ⑫ 7

17단계 B 99쪽

① 7 ② 3 … 6 ③ 2 … 16

④ 2 … 11 ⑤ 2 … 14 ⑥ 2 … 15

⑦ 5 … 5 ⑧ 3 … 9 ⑨ 2 … 16

⑩ 4 … 1 ⑪ 3 … 1 ⑫ 2 … 21

17단계 C 100쪽

① 4 … 6 ② 3 … 8 ③ 3 … 7

④ 4 … 11 ⑤ 5 … 3 ⑥ 3 … 14

⑦ 5 … 1 ⑧ 3 … 8 ⑨ 3 … 9

⑩ 5 … 4 ⑪ 3 … 12

17단계 도전! 땅 짚고 헤엄치는 문장제 101쪽

① 5명　② 7팀, 2명

③ 4상자, 12개　④ 88명

⑤ 7일

① 80÷16=5(명)

② 79÷11=7 … 2

③ 68÷14=4 … 12

④ 운동장에 있는 어린이 수를 □명이라 하면
□÷17=5 … 3에서
17×5=85, 85+3=□, □=88(명)

⑤ 95÷15=6 … 5
동화책을 15쪽씩 읽고 남은 5쪽도 읽어야 하므로
적어도 6+1=7(일) 안에 모두 읽을 수 있습니다.

18단계 종합 문제 102쪽

① 3 … 10	② 1 … 24	③ 2 … 19
④ 6 … 6	⑤ 6 … 1	⑥ 3 … 17
⑦ 2 … 3	⑧ 2 … 17	⑨ 2 … 20
⑩ 3 … 2	⑪ 5 … 1	⑫ 2 … 12

18단계 종합 문제 103쪽

① 3 … 1	② 4 … 2	③ 2 … 1
④ 4 … 10	⑤ 2 … 10	⑥ 3 … 16
⑦ 5 … 5	⑧ 3	⑨ 2 … 8
⑩ 4 … 9	⑪ 2 … 10	⑫ 3 … 13

18단계 종합 문제 104쪽

① 1 … 36	② 4 … 7	③ 4 … 3
④ 2 … 8	⑤ 4 … 6	⑥ 2 … 17
⑦ 3 … 3	⑧ 3 … 1	⑨ 4 … 14
⑩ 3	⑪ 2 … 4	⑫ 3 … 21

18단계 종합 문제 105쪽

①

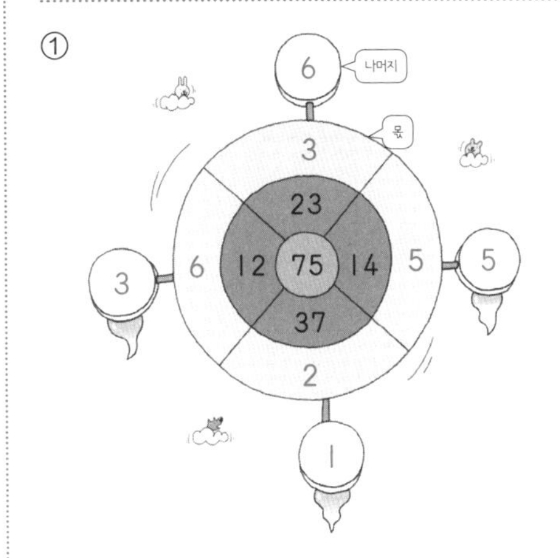

②

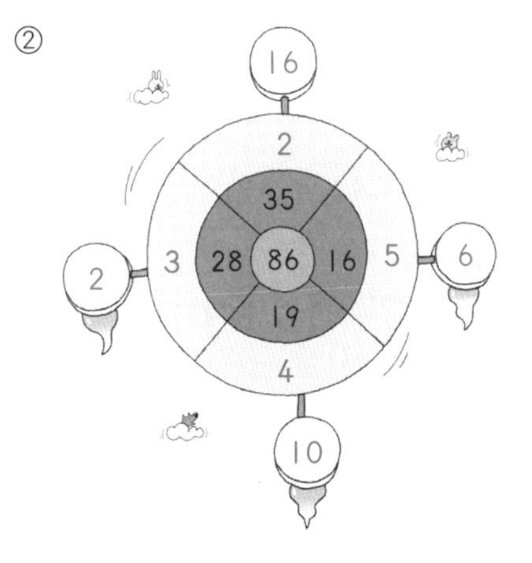

18단계 종합 문제 106쪽

①

②

③

19

19단계 A 109쪽

① 7 ② 6 ③ 6 … 10
④ 6 … 20 ⑤ 6 … 50 ⑥ 8 … 10
⑦ 7 … 30 ⑧ 8 … 10 ⑨ 7 … 50
⑩ 8 ⑪ 8 … 20

19단계 B 110쪽

① 3 … 55 ② 3 … 27 ③ 5 … 24
④ 7 … 19 ⑤ 3 … 56 ⑥ 5 … 11
⑦ 7 … 43 ⑧ 6 … 47 ⑨ 2 … 52
⑩ 8 … 38 ⑪ 6 … 48

19단계 C 111쪽

① 7 … 6 ② 4 … 41 ③ 5 … 2
④ 7 … 15 ⑤ 6 … 24 ⑥ 5 … 29
⑦ 6 … 18 ⑧ 5 … 25 ⑨ 8 … 23
⑩ 8 … 54 ⑪ 9 … 25 ⑫ 3 … 54

19단계 도전! 생각이 자라는 사고력 문제 112쪽

① 5 ② 4 ③ 7 ④ 6
⑤ 8 ⑥ 3 ⑦ 8 ⑧ 5
⑨ 4 ⑩ 6 ⑪ 8 ⑫ 7
⑬ 9 ⑭ 4 ⑮ 8

20

20단계 A 114쪽

① 8 … 9 ② 6 … 11 ③ 6 … 16
④ 5 … 4 ⑤ 9 … 15 ⑥ 4 … 43
⑦ 9 ⑧ 6 … 60
⑨ 7 … 2 확인 $42\times7=294$, $294+2=296$
⑩ 5 … 62 확인 $85\times5=425$, $425+62=487$
⑪ 3 … 55 확인 $93\times3=279$, $279+55=334$

20단계 B 115쪽

① 6 … 14 ② 7 ③ 8 … 10
④ 8 … 22 ⑤ 9 … 20 ⑥ 4 … 28
⑦ 7 … 19 ⑧ 4 … 56 ⑨ 9 … 2
⑩ 7 … 6 확인 $29\times7=203$, $203+6=209$
⑪ 6 … 15 확인 $73\times6=438$, $438+15=453$
⑫ 6 … 20 확인 $86\times6=516$, $516+20=536$

20단계 C　116쪽

① 7 ··· 22　② 4 ··· 31　③ 8 ··· 33
④ 6 ··· 50　⑤ 4 ··· 22　⑥ 7 ··· 26
⑦ 7　⑧ 3 ··· 29　⑨ 6 ··· 43
⑩ 9 ··· 9　확인 59×9=531, 531+9=540
⑪ 8 ··· 50　확인 67×8=536, 536+50=586
⑫ 8 ··· 3　확인 78×8=624, 624+3=627

20단계 D　117쪽

① 7 ··· 15　② 8 ··· 34　③ 3 ··· 32
④ 6 ··· 5　⑤ 4 ··· 67　⑥ 7 ··· 50
⑦ 5 ··· 38　⑧ 7　⑨ 4 ··· 14
⑩ 9 ··· 60　확인 87×9=783, 783+60=843
⑪ 6 ··· 17　확인 69×6=414, 414+17=431

20단계 도전! 생각이 자라는 사고력 문제　118쪽

① 640÷80 480÷80 (560÷80)
어림하기 560÷80=7
계산하기 557÷78=7 ··· 11

② 360÷90 (450÷90) 480÷80
어림하기 450÷90=5
계산하기 442÷88=5 ··· 2

③ 630÷90 (720÷90) 720÷80
어림하기 720÷90=8
계산하기 742÷92=8 ··· 6

21단계 A　120쪽

① 18 ··· 10　② 25 ··· 10　③ 45 ··· 10
④ 15 ··· 30　⑤ 15 ··· 40　⑥ 12 ··· 10
⑦ 13 ··· 20　⑧ 12 ··· 10　⑨ 13 ··· 40
⑩ 10 ··· 10　⑪ 24 ··· 20　⑫ 18 ··· 40

21단계 B　121쪽

① 17 ··· 12　② 21 ··· 9　③ 19 ··· 14
④ 11 ··· 53　⑤ 13 ··· 17　⑥ 15 ··· 27
⑦ 39 ··· 11　⑧ 16 ··· 29　⑨ 11 ··· 62
⑩ 12 ··· 6　⑪ 10 ··· 43

21단계 C　122쪽

① 17 ··· 17　② 18 ··· 18　③ 33 ··· 13
④ 13 ··· 34　⑤ 18 ··· 25　⑥ 10 ··· 51
⑦ 48 ··· 13　⑧ 13 ··· 37　⑨ 21 ··· 6
⑩ 11 ··· 4　⑪ 30 ··· 25

21단계  땅 짚고 헤엄치는 문장제　123쪽

① 28줄　② 20판　③ 16상자, 23권
④ 7도막, 36 cm　⑤ 12칸

① 560÷20=28(줄)
② 615÷30=20 ··· 15
③ 823÷50=16 ··· 23
④ 316÷40=7 ··· 36
⑤ 714÷60=11 ··· 54
책을 11칸에 꽂고 남은 54권도 꽂을 1칸이 더 필요하므로 적어도 11+1=12(칸)이 필요합니다.

22

22단계 A 125쪽

① 14 … 4　② 21　③ 36 … 8

④ 26 … 12　⑤ 11 … 9　⑥ 26 … 23

⑦ 18 … 24　⑧ 29 … 17

⑨ 23 … 4　확인 $33\times23=759$, $759+4=763$

⑩ 12 … 33　확인 $46\times12=552$, $552+33=585$

⑪ 14 … 30　확인 $65\times14=910$, $910+30=940$

22단계 B 126쪽

① 46 … 11　② 23 … 7　③ 50 … 7

④ 36　⑤ 19 … 9　⑥ 31 … 19

⑦ 11 … 21　⑧ 33 … 22　⑨ 23 … 14

⑩ 20 … 35　확인 $38\times20=760$, $760+35=795$

⑪ 22 … 26　확인 $42\times22=924$, $924+26=950$

⑫ 16 … 15　확인 $57\times16=912$, $912+15=927$

22단계 C 127쪽

① 41　② 20 … 36　③ 12 … 15

④ 39 … 12　⑤ 20 … 41　⑥ 35 … 15

⑦ 47 … 3　⑧ 23 … 20　⑨ 30 … 20

⑩ 20 … 13　확인 $45\times20=900$, $900+13=913$

⑪ 40 … 8　확인 $18\times40=720$, $720+8=728$

⑫ 11 … 27　확인 $67\times11=737$, $737+27=764$

22단계 D 128쪽

① 35 … 5　② 23 … 23　③ 26

④ 23 … 23　⑤ 16 … 40　⑥ 56 … 1

⑦ 28　⑧ 25 … 32　⑨ 16 … 3

⑩ 18 … 5　확인 $28\times18=504$, $504+5=509$

⑪ 48 … 8　확인 $19\times48=912$, $912+8=920$

22단계  생각이 자라는 사고력 문제 129쪽

① 44, 7　확인 $14\times44=616$, $616+7=623$

② 24, 12　확인 $17\times24=408$, $408+12=420$

③ 19, 10　확인 $26\times19=494$, $494+10=504$

④ 27, 11　확인 $32\times27=864$, $864+11=875$

23

23단계  131쪽

① 9 … 10　② 20 … 6　③ 8 … 7

④ 16 … 47　⑤ 6 … 10　⑥ 10 … 24

⑦ 71 … 3　⑧ 30 … 7　⑨ 8 … 10

⑩ 8 … 21　⑪ 20 … 9　⑫ 12 … 19

23단계 B 132쪽

① 40　② 25　③ 20

④ 8　⑤ 12　⑥ 20

⑦ 4　⑧ 8　⑨ 12

⑩ 20　⑪ 32　⑫ 60

23단계 C 133쪽

① 3 … 12　② 20 … 4　③ 16 … 27

④ 15 … 6　⑤ 4 … 2　⑥ 4 … 25

⑦ 8 … 73　⑧ 8 … 96　⑨ 58 … 13

⑩ 28 … 9　⑪ 16 … 23

23단계 도전! 땅 짚고 헤엄치는 문장제 134쪽

① 25개 ② 6명 ③ 38자루, 4 kg

④ 29상자, 6개 ⑤ 8대

① 400÷16=25(개)

② 102÷24=4 … 6

③ 460÷12=38 … 4

④ 528÷18=29 … 6

⑤ 315÷42=7 … 21
7대에 타고 남은 21명이 탈 수 있는 버스 1대가
더 필요하므로 적어도 7+1=8(대)가 필요합니다.

24단계 종합 문제 135쪽

① 8 … 10 ② 6 ③ 41 … 7

④ 7 … 4 ⑤ 6 … 38 ⑥ 34 … 7

⑦ 21 ⑧ 20 ⑨ 8 … 3

⑩ 9 … 12 ⑪ 12 … 14 ⑫ 38

24단계 종합 문제 136쪽

① 5 ② 17 … 5 ③ 18 … 21

④ 6 … 36 ⑤ 7 … 1 ⑥ 5 … 51

⑦ 12 ⑧ 3 … 42 ⑨ 22 … 34

⑩ 32 ⑪ 13 … 63 ⑫ 8

24단계 종합 문제 137쪽

① 40 ② 7 ③ 19 … 27

④ 4 ⑤ 22 … 22 ⑥ 6 … 84

⑦ 4 … 5 ⑧ 8 … 44 ⑨ 16

⑩ 11 … 20 ⑪ 12 … 40 ⑫ 3 … 23

24단계 종합 문제 138쪽

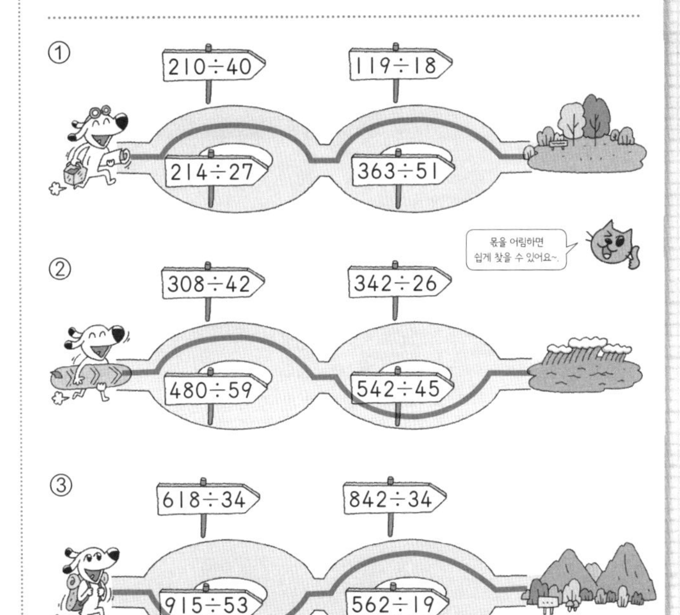

24단계 종합 문제 139쪽

① 6 ② 8 ③ 7, 21 ④ 216

초등 수학 공부, 이렇게 하면 효과적!

"펑펑 내려야 눈이 쌓이듯 공부도 집중해야 실력이 쌓인다!"

학교 다닐 때는? 학기별 연산책 '바빠 교과서 연산'

'바빠 교과서 연산'부터 시작하세요. 학기별 진도에 딱 맞춘 쉬운 연산 책이니까요! 방학 동안 다음 학기 선행을 준비할 때도 '바빠 교과서 연산'으로 시작하세요! 교과서 순서대로 빠르게 공부할 수 있어, 첫 번째 수학 책으로 추천합니다.

시험이나 서술형 대비는? '나 혼자 푼다! 수학 문장제'

학교 시험을 대비하고 싶다면 '나 혼자 푼다! 수학 문장제'로 공부하세요. 너무 어렵지도 쉽지도 않은 딱 적당한 난이도로, 빈칸을 채우면 풀이 과정이 완성됩니다! 막막하지 않아요~ 요즘 학교 시험 풀이 과정을 손쉽게 연습할 수 있습니다.

방학 때는? 10일 완성 영역별 연산책 '바빠 연산법'

내가 부족한 영역만 골라 보충할 수 있어요! 예를 들어 4학년인데 나눗셈이 어렵다면 나눗셈만, 5학년인데 분수가 어렵다면 분수만 골라 훈련하세요. 방학 때나 학습 결손이 생겼을 때, 취약한 연산 구멍을 빠르게 메꿀 수 있어요!

바빠 연산 영역:
덧셈, 뺄셈, 구구단, 시계와 시간, 길이와 시간 계산, 곱셈, 나눗셈, 약수와 배수, 분수, 소수, 자연수의 혼합 계산, 분수와 소수의 혼합 계산, 평면도형 계산, 입체도형 계산, 비와 비례, 방정식, 확률과 통계

바빠쌤이 알려주는 '바빠 영어' 학습 로드맵

'바빠 영어'로 초등 영어 끝내기!

바빠 파닉스 ①, ②

바빠 사이트 워드 ①, ②

바빠 3·4 영단어

바빠 5·6 영단어

바빠 5·6 영어 시제

\+

바빠 3·4 영문법 ①, ②

바빠 5·6 영문법 ①, ②

바빠 5·6 영작문